구조에서 미학까지,
교양으로 읽는 건축물

구조에서 미학까지,
교양으로 읽는 건축물

건축가가 사랑한 최고의 건축물

초판 1쇄 발행 2023년 1월 18일

지은이 양용기 **펴낸곳** 크레파스북 **펴낸이** 장미옥
편집 정미현, 김용연 **디자인** 김지우 **마케팅** 김주희

출판등록 2017년 8월 23일 제2017-000292호
주소 서울시 마포구 성지길 25-11 오구빌딩 3층
전화 02-701-0633 **팩스** 02-717-2285 **이메일** crepas_book@naver.com
인스타그램 www.instagram.com/crepas_book
페이스북 www.facebook.com/crepasbook
네이버포스트 post.naver.com/crepas_book

ISBN 979-11-89586-56-0 (03540)
정가 17,000원

이 도서의 국립중앙도서관 출판예정도서목록CIP은 서지정보유통지원시스템 홈페이지(http://seoji.nl.go.kr)와
국가자료종합목록 구축시스템(http://kolis-net.nl.go.kr)에서 이용하실 수 있습니다.

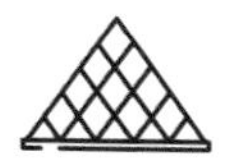

건축가가 사랑한

최고의 건축물

글 양용기

크레파스북

프롤로그

'괜찮다'의 기준은 뭘까

전공자는 비전공자보다 그 분야에서 기본적인 지식을 갖고 있을 것이다. 그러나 모두 사회에서 두각을 나타내는 것은 아니다. 어떤 이는 특정 분야에서 두각을 나타내는 반면 그렇지 않은 사람들도 있다. 그 차이는 무엇일까? 나는 실력 차이라고 생각하지 않는다. 의외로 소개나 연줄이 닿아 방송에 출연하면서 실력보다 더 유명해지는 경우가 많다. 특히 전문인으로 미디어에 나오는 경우에는 그 평가가 과대하게 포장되기도 한다. 그래서 우리는 가끔 그 유명인에 실망하게 된다. 동일한 전공을 마치고 그 분야에서 유명세를 타려면 실력이 먼저 입증되어야 한다.

유명인과 유명하지 않은 사람 간에 딱히 실력 차가 있다고 보지는 않지만 차이는 있다고 본다. 그 기준을 4가지로 나누어 보면, 언행일치, 스타일, 원조, 그리고 마무리다. 한 분야에서 두각을 나타낸 사람은 그렇지 않은 사람보다 이 4가지의 특징이 있다고 본다.

첫째, **언행일치**이다. 전문가라면 자신의 작품에 언행일치를 담고 있어야 한다. 이는 사람 간의 신뢰와도 관계가 있다. 미술로 따지면 제목이며 소설의 경우, 글이 내포하는 방향이 될 수도 있다. 우리가 그림을 보러 가면 제목을 보는 이유가 바로 그것이다. 제목은 '언'이고 작품은 '행'이 되는 것이며 이것이 일치해야 한다. 여기서 언행일치를 처음으로 논한 이유는 인성도 관계가 있다고 보기 때문이다.

둘째는 **스타일**이다. 스타일은 그 사람을 파악하는 데 도움이 된다. 처음부터 자신의 스타일을 찾는 경우는 드물다. 스타일을 찾았다는 것은 많은 것을 의미하며 어느 정도 수준이 되었다는 것을 의미한다.

셋째로 **원조**는 그가 처음으로 우리에게 선보였음을 말한다. 피카소의 그림이 얼마만큼 아름다운지 정량적으로 잴 수는 없다. 그러나 그는 입체파를 세상에 알린 원조격인 인물이다. 그런 피카소가 인상파 스타일로 그림을 그린다면 사람들은 고개를 갸우뚱할지도 모른다. 그의 스타일은 입체파이기 때문이다. 미술을 전공한 사람들은 모두 피카소처럼 입체파 그림을 그릴 수 있다. 그러나 피카소 그림만큼의 가치를 두지 않는다. 원조가 아니기 때문이다.

마지막으로 **마무리**다. 마무리는 전체의 완성도를 높이는 데 있어 아주 중요하다. 아마추어와 프로의 차이는 바로 여기서 난다. 마무리를 어떻게 하는가에 따라 전체가 달라지기 때문이다.

이러한 프로의 4가지 조건 중 나의 '괜찮다'를 결정하는 기준은 바로 언행일치이다. 이것이 되지 않으면 나머지 3가지 조건도 의미가 퇴색되기 때문이다. 사람들은 모두 뛰어난 머리를 갖고 있다. 그러나 이 우수한 두뇌가 갖고 있는 능력을 제대로 표현하는 방법을 잘 모르고 있다.

프로와 아마추어의 차이는 두뇌가 아니라 표현 능력이다. 이를 기반으로 우리가 학습이나 책 또는 여러 가지를 통해 우리는 제대로 표현하는 방법을 배운다. 그리고 자신의 가치관이나 방향에 맞게 작업을 하는 것이다. 이 작업이 단순히 자신을 위한 것이냐, 아니면 미래지향적인 의미를 담고 있느냐에 따라 작품에 가치가 부여된다.

자신이 한 말을 자주 바꾸는 사람은 아마추어이다. 왜냐하면 그가 한 말을 통하여 우리는 사고의 방향을 결정하기 때문이다. 아직 정확한 표현을 할 줄 모르는 아마추어가 너무 나서거나 진실을 말하지 않을 때 말을 바꾸는 경우가 있다. 하지만 프로는 혼란을 야기시키지 않는다. 여기서 프로란 많은 지식을 갖고 있거나 많이 배운 사람을 말하는 것이 아닌 언행일치를 준수하는 사람을 말한다. 어느 분야에나 현존하는 최고가 있고 그것은 언행일치에서 비롯된다. 언행일치가 사회에 뿌리를 내리면 다음 세대가 이를 바탕으로 탄탄하게 미래를 향해 갈 수 있기 때문이다.

최고의 작품을 선정하는 이 책에서 나는 언행일치를 기준으로 두었다. 그래야 건축가의 작품을 관찰할 때, 그가 말한 것을 바탕에 놓고 그의 작품을 살펴볼 수 있기 때문이다. 그렇지 않으면 내 개인적인 생각에 머물고 말 것이다. 최고의 작품이 지향하는 것은 무엇이 되어야 하는가? 바로 그것을 바라보는 우리를 즐겁게 해 주는 것이다. 그리고 나의 사고를 넓혀주고 인류가 더 훌륭한 것을 만들기 위한 또 하나의 징검다리 역할을 해야 한다. 건축가 스스로 추구하는 방향을 잘 표현하고 그로 인하여 우리의 도시가 보다 아름다워지는 것이다.

르 꼬르뷔지에의 돔이노 시스템은 그 자신보다 새로운 시대에 직면하여 인류가 고민하던 시기에 던진 해결책으로 이로 인하여 세계의 건축 형태가 바뀌는 국제양식이 탄생했다. 이것이 바로 언행일치이다. 돔이노 시스템이 현재를 변화시킨 해결책이라면 필립 존슨의 글래스 하우스는 미래의 건축이 나아가야 할 방향을 제시하였다. 그밖에도 다양한 건축가의 건축물을 다루었다. 이들은 모두 자신들의 언행일치를 각자의 작품에서 그대로 보여준 건축가들이다. 그리고 자신의 스타일 또한 제시하였다. 이 건축가들이 다른 형태의 건축물을 설계할 수 없는 것은 아니다. 그러나 각자의 개성적인 스타일과 명확하고 진실된 형태를 통하여 우리의 도시가 다양한 내용을 볼 수 있는 기회를 제공했다.

자신의 스타일이 있다는 것은 곧 다른 스타일을 명확하게 파악하고 있다는 의미이기도 하다. 이오 밍 페이의 삼각형, 리베스킨트의 사선, 프랭크 게리의 곡선은 사실 어떤 대지나 공간 그리고 도시 환경에 적용하기 쉬운 형태는 아니다. 그러나 언젠가 우리가 부딪힐 수 있는 문제를 그들은 이러한 형태를 통해 어떻게 해결할 수 있는지 제시한 것이다. 우리가 안다는 것은 그 주제에 대하여 말하고, 쓰고, 그릴 줄 알아야 한다. 이 세 가지 중 하나라도 빠진다면 정확하게 안다고 말할 수 없다. 이 책이 '정확하게 아는 일'에 조금이라도 도움이 되었으면 한다.

사람들은 베토벤을 알고 피카소를 알고 괴테를 알면서도 건축 분야의 인물들은 잘 모른다. 이는 건축전공자의 책임이다. 깊이 있게 알지는 못하더라도 최소한 앞에서 열거한 건축가들의 이름 정도만 알아도 이 책의 역할은 다했다고 생각한다. 또한, 한국 건축가 김중업이란 위대한 건축가가 우리에게 있었음을 알리는 계기가 되었으면 좋겠다.

들어가기

최고의 건축물에 대한 기준

나는 내 중학생 막내딸이 어느 가수 하나만 좋아하고 다른 가수는 시큰둥하게 생각하는 것을 늘 이해할 수 없었다. 아마도 내 기준에 맞추었기 때문일 것이다. 나는 많은 가수를 좋아한다. 그래서 트로트, 가요, 랩 등 각 분야의 가수를 좋아한다. 자기 분야에 최선을 다하고 그 행위가 다른 사람들에게 좋은 영향을 주면 더 좋아한다. 다른 연예인도 마찬가지다. 어떻게 저렇게 연기하지? 그냥 그것이 좋다.

서울의 한 건축 설계 사무실을 방문했을 때 직원으로부터 "건축가 중 누구를 좋아하세요?"라는 질문을 받은 적이 있다. 아마도 직원은 내가 어느 한 건축가를 대답하기를 기대하고 물었을 것이다. 나는 많다고 대답했다. 그리고 이유를 설명했다. "저는 건축 형태에 따라 달라요. 리차드 마이어는 백색의 고집이 좋아요. 이오 밍 페이는 삼각형 표현이 좋아요. 앙리 시리아니는 건물에 스타킹을 입힌 것 같아 좋아요. 필립 존슨은 글래스 하우스에 앉아 저 밖을 보며 만족했을 것 같은 생각을 하면 그것이 너무 좋아요…." 그 직원은 내게 말하지는 않았지만 아마도 실망

했을 것이다. 대답에 임팩트가 없었기 때문이다.

짧게 한 사람만 말하면 된다고 생각할 수도 있다. 그러나 전문가는 자신의 말에 책임을 갖고 말해야 한다. 나는 그 직원을 존중하는 마음으로 내 솔직한 생각을 말해주고 싶었다. 내가 한 건축가를 말했다면 그는 반드시 왜 그 사람을 좋아하냐고 되물었을 것이다. 그러면 대화는 단지 그 건축가에 대한 설명만으로 끝나게 된다.

방송에서 어느 대학교수가 최고의 건축물을 판테온 신전이라 말한 일이 있었다. 그것을 보는 일반인들은 그의 말을 신뢰하고, 그것이 마음에 들지 않더라도 판테온을 최고의 건축물로 받아들일 것이다. 물론 판테온은 훌륭한 건축물이다. 철근을 사용하지 않은 콘크리트가 그렇고 당시 기술로 43.4m의 지름을 갖는 원형 공간을 만들었다는 것을 비롯해 판테온을 최고의 건축물로 여길 이유는 많다. 그러나 우리가 일반적으로 작품을 최고로 느끼려면 보여지는 형태보다 내면에 담겨진 스토리가 감동을 주어야 한다. 건축물을 보고 난 후 건축물은 그 자리에 그대로 있지만 우리는 그 장소를 떠난다. 즉 갖고 오는 것은 그 건축물에 대한 스토리다. 이 스토리가 다음 스토리로 연결이 되어야 한다. 판테온이 왜 그렇게 만들어졌는지 알아야 그 건축물에 가치를 부여할 수 있고 그 가치가 다음 작업에 좋은 모습으로 나타날 수 있는 것이다.

이 세상에 건축물은 많다. 어느 분야건 최고의 작품이 존재한다. 그런데 기준이 참으로 애매하다. 전문가들이 선택한 최고와 일반인들이 선택한 최고가 언제나 일치하는 것은 아니다. 판단의 기준이 다르기 때문이다. 일반인들이 자신과 연계하여 선택하는 경우가 많다면, 전문가들은 좀 더 객관적이고 냉철한 판단하에 결정할 확률이 높다. 그래서 여기서 다루는 최고의 건축물에 대한 전반적인 기준은 사회 변화에 영향을 준 것을 우선으로 하며 언행일치, 스타일, 원조, 그리고 마무리의 네 가지 요소를 기본적인 틀로 정하여 결정해 보았다.

건축물은 건축가가 가진 생각의 표상이다. 파르테논 신전은 아름다운가? 아름다움의 기준은 무엇인가? 이는 최고의 건축물을 선택하는 기준과 다르다. 아름답지 않은 건축물이 있을까? 최고가 아닌 건축물이 있을까? 있다면 이 건축물들은 왜 아름답지 않거나 최고가 아닌가? 여기서 선택한 건축물들은 온전히 개인적인 생각이다. 개인적인 선택인 만큼 최대한 객관적인 내용을 끌어와 의견을 내보려고 했다.

불가사의한 건축물로 선택된 것들도 있다. 그러나 단지 불가사의한 건축물이라서 최고의 건축물로 뽑히지는 않았다. 이것들이 선택된 기준은 그 시대를 반영한 것이다. 그 시대의 기술, 재료 공법 등 여러 가지 내용을 반영했을 때 어떻게 그러한 건축물을 그 시대에 만들 수 있었는지 상상을 초월한 건축물이기 때문이다.

이렇듯 이 책에서 선택한 기준은 그 형태 안에 담겨진 스토리다. 그 스토리가 후세에 얼마나 영향을 미쳤는가, 그 양식에 대해 잘 표현했는가를 기준으로 고른 것이다. 그렇기 때문에 언행일치, 스타일, 원조 그리고 마무리가 중요하다. 내용에 이를 모두 표현하지는 않았지만, 선정된 건축물의 대부분은 이 4가지가 담겨 있다.

미술이나 음악을 감상할 때 그에 대한 해설(언)을 보면 이해가 더 잘 간다. 그것은 바로 그들의 작품(행)이 언과 같기 때문이다. 이것이 다르면 작품을 이해하는 데 혼란이 온다. 음악을 공부한 사람들은 음악을 들으면서 "모차르트 풍(스타일)이야!" 또는 "베토벤 풍이야!"라고 말한다.

그렇다고 모차르트와 베토벤 중 누가 더 좋다고 말할 수는 없다. 그들의 스타일이 다르기 때문이다. 미술을 공부한 사람들은 그림을 보고 "피카소 풍(스타일)이야!"라고 말하거나 "달리 풍이야!"라고 말하기도 한다. 그러나 누가 더 좋다고 비교하지는 않는다. 스타일이 다르니까.

피카소의 그림은 정말 잘 그린 걸까? 달리의 그림이 정말 훌륭한 걸까? 모르겠다. 그러나 피카소는 입체파의 원조이고 그것이 후에 다른 분야에 영향을 미쳤음을 안다. 달리는 초현실주의의 원조로 여겨진다. 그래서 지금 미대를 나온 사람들이 피카소나 달리와 같은 그림을 그려도 그 가치를 동일하게 인정받지 못하는 이유는 피카소와 달리가 원조이기 때문이다.

우리가 작품이라 여기는 것들은 모두 마무리가 잘 된 것이다. 마무리가 곧 콘셉트이고 완성이기 때문이다. 어떤 분야건 마무리가 작품의 질을 결정한다. 아무리 과정이 좋아도 마무리가 형편없으면 전체를 망가뜨릴 수 있다.

이 책에서 소개하는 작품들 이외에도 훌륭한 작품은 많다. 그럼에도 해당 작품들을 최고의 건축물로 선정한 이유는 바로 이 4가지를 잘 살펴볼 수 있다고 생각했기 때문이다.

Contents

도전, 평범함에 맞서는 저항

구조, 형태를 유지하는 힘

미학, 아름다움에 대한 탐구

클래식, 변하지 않는 가치

자연,
가장 아름다운 공간

인간은 자연에서 왔다. 인간의 능력이 아무리 크고 위대하여도 자연에 비하면 아주 작다. 자연이 파괴되면 우리도 파괴된다. 이렇게 자연의 파괴를 우려하는 각 분야에서 많은 메시지가 등장하고 있다. 건축에서도 마찬가지다. 마치 루소의 자연으로 돌아가자는 외침이 되살아 난 듯 건축에서도 자연을 살리고 자연을 품은 건축 형태를 만들어 내고 있다.

Glass House

Waldspirale

Heydar Aliyev Center

Best Products Company

Church on the Water

Teatre Auditori de Llinars del Vallès

Casa Del Agua

자연,
가장 아름다운 공간

과거 건축물은 자연 속에 하나의 요소로 존재했다. 그래서 가우디는 건축물을 자연 속의 조형물처럼 생각하였고 자연을 닮은 형태를 추구하고자 흙을 닮은 색을 추구하였으며 자연에서 그 모티브를 찾은 아르누보의 건축물을 설계하였다. 가우디의 건축물이 높은 평가를 받는 이유다.

자연은 공평하게 준다. 인간은 자연 속에서 부족하더라도 공평하게 나누고 시기를 기다리며 만족하는 삶을 살아왔다. 그러나 인간이 이룬 기술의 발달은 자연이 제공하는 양보다 더 많은 것을 취하고 자연이 제공하는 선물과는 다른 것을 가질 수 있게 했다.

산업혁명은 삶의 질을 바꾸는 데 큰 공을 세웠다. 이로 인해 인간은 다른 어떤 생물체보다 발달하고 자연의 최고 위치를 선점할 수 있게 되었다. 이는 다른 생물체에 비해 자연에서 적응하는 능력을 갖추지 못한 인간이 살아남는 방법이었다. 하지만 이는 인간을 자연과 멀어지게 만들었고 자연의 소중함을 잊어버리게 만들었다.

인간은 계절의 변화를 기다리지 않아도 계절 음식을 얻을 수 있게 되었고 자연에 존재하는 바람과 풍경을 인간 스스로 만들어 내는 능력도 갖게 되었다. 또한 삶에 만족스럽지 않은 환경을 개조하고 강의 흐름을 바꿀 수 있으며 물을 모으는 저수지를 만들고 신선한 공기를 만들 수도 있게 되었다. 인간은 교만에 빠졌고 자연의 존재에 대한 의심을 갖기 시작했다. 자연에서 멀어질수록 공허감은 커져갔지만 기술이 주는 기쁨으로 대체할 수 있었다.

자연이 주던 선물을 대체할 수는 있었지만 자연의 파괴는 인간에게 주어진 권리가 아니었다. 자연은 말 그대로 자연스럽게 만들어졌다. 인간의 욕심에 따라 변형하고 인간의 영역으로 만들어 가면서 자연은 소멸되고 망가져 갔다. 인간은 그 사실을 점차 깨닫기 시작했지만 기술이 주는 달콤함을 포기할 수는 없었다.

인간은 자연에서 왔다. 인간의 능력이 아무리 크고 위대하여도 자연에 비하면 아주 작다. 자연이 파괴되면 우리도 파괴된다. 이렇게 자연의 파괴를 우려하는 각 분야에서 많은 메시지가 등장하고 있다. 건축에서도 마찬가지다. 마치 루소의 자연으로 돌아가자는 외침이 되살아 난 듯 건축에서도 자연을 살리고 자연을 품은 건축 형태를 만들어 내고 있다.

단순히 공간을 품고 그 속에 인간이 존재하는 것이 아닌 자연을 품고 인간이 지금 어디에 있는가를 일깨우는 건축물이 등장하기 시작했다. 이제 친자연주의, 친환경적인 요소는 건축에서 옵션이 아닌 필수가 되고 있다.

필립 존슨의 글래스 하우스에는 자연 속의 인간을 향한 소망이 담겨 있다.
미니멀리즘의 형태를 하고 있지만 클래식이 추구하는 기하학적 비율과
순수한 도형을 가지고 있어 시대 초월적이기도 하다.
자연 그 자체를 장식으로 만든 설계는 아무리 아름다운 공간이라도 자연과는
비교할 수 없다는 메시지를 우리에게 전하고 있다.

미래지향적 메시지를 담다

글래스 하우스 Glass House

설계: 필립 존슨(Philip Johnson)
준공: 1949
위치: 미국 코네티컷

건축물이 지역 발전에 얼마나 영향을 미칠 수 있을까? 필립 존슨의 글래스 하우스(1949)가 그 대답이 되겠다. 이 건축물은 지도에 존재하지 않던 코네티컷 뉴 가나안이라는 지역을 새롭게 등장시킬 정도로 큰 영향을 미쳤다.

지구상에 유명한 건축물은 너무도 많다. 그런 건축물과 비교한다면 이 글래스 하우스는 규모나 형태 면에서 비교가 되지 않는다. 그럼에도 이 건축물을 내가 최고의 건축물로 선택한 이유는 보이는 것 이상의 의미가 있는 미래지향적인 메시지를 담은 건축물이기 때문이다. 이러한 나의 의견에 동의하기 어려울 수도 있다.

나는 건축 설계를 하면서 "언제까지 우리는 건축물 설계를 할 것인가?" 또는 "건축 설계의 목표는 무엇인가?"에 대한 의문을 계속 가졌다. 인간이 처음 동굴(공간)에 들어갔을 때 곧 나오게

될 것이라 기대하지 않았을까? 인간은 동굴에 들어간 이후로 아직까지 동굴(공간)에서 나오지 못하였다. 더 가슴 아픈 것은 그 동굴(공간)에서 영원히 나올 수 없음을 깨달았다. 그러나 자연 속의 인간을 포기할 수는 없다. 필립 존슨은 이러한 인간의 소망을 이 글래스 하우스에 담았다.

내부(공간)에 있으나 외부(자연)에 있는 것 같은 느낌. 그는 이 건축물을 통하여 벽이 없는 공간을 표현하였다. 그는 이 공간에서 "나는 매우 비싼 벽지를 갖고 있다."라고 말했다. 그는 4계절 모두 다른 벽지를 갖고 있으며 자연 속에 있는 자신을 보게 된다.

필립 존슨은 포스트 모더니즘(모던 이후에 등장한 클래식 형태)적인 건축물을 주로 보여 주었다. 그러나 이 건축물은 거의 모든 시대를 담고 있는 시대 초월적인 형태를 갖고 있다. 형태는 모던 양식의 거장 미스 반 데어 로에가 주장한 미니멀리즘 "LESS IS MORE(간결한 것이 더 아름답다.)"의 이미지를 갖고 있지만 전체적으로는 클래식이 추구하는 기하학적 비율, 일체형, 그리고 순수한 도형을 갖고 있다. 양식을 파괴하고 자연을 장식으로 사용했으며 건축 설계의 목표인 공간 탈출, 다시 말해 아무리 아름다운 공간이라도 자연과는 비교할 수 없다는 메시지를 이 글래스 하우스를 통해 우리에게 전하고 있다.

도심 한가운데 자리한 바닷가의 절벽, 숲의 나선이 주는 이미지이다.
훈데르트바서는 나선의 형태와 타일, 창문의 모든 영역에서 같은 것을
다시 사용하지 않는 방법을 통해 일괄적이고 기계적이지 않은
자연 그대로를 표현해냈다. '초자연주의'라 부르는 자신의 예술 이론을
자연과 조화를 이루는 건축 유형으로 정립시켰다.

친자연성이란 무엇인가

숲의 나선 Waldspirale

설계: 프리덴스라이히 훈데르트바서(Friedensreich Hundertwasser)
준공: 2000
위치: 독일 다름슈타트

일반적으로 훈데르트바서로 알려진 그의 원래 이름은 프리드리히 스토바서(Friedrich Stowasser)다. 그는 친환경주의자로 자신의 이름 중간에 비오는 날과 다양한 어두움을 뜻하는 단어를 넣기도 했다. 그는 직선을 아주 싫어하고 규격화된 틀 안에서 작업하는 것을 반대하는 건축가이다. 그는 자연 속에 있는 곡선을 나타내길 원했으며 특히 나선형을 좋아했다. 건축물을 자연 속 하나의 미술작품으로 보는 것은 가우디와 동일하다. 심지어 타일을 사용하는 것도 가우디와 비슷한데 훈데르트바서는 동일한 표현이 없을 만큼 더 자연스럽다.

그는 클래식하지도 않고 모던한 것도 좋아하지 않았다. 모던이 시작되면서 장식을 범죄처럼 여기는 분위기가 만들어졌지만 그는 오히려 건축물에 자연스러운 장식이 들어가는 것을 원했다. 특히 창문의 중요성을 강조하였다. 창문의 기능인 환기, 빛의 제공, 시야 확보 외에 하나를 더 추가하여 창밖으로 손을 뻗었을 때 창밖의 모든 것이 닿을 수 있는 범위 안에 있어야 한다고 주장했는데 이를 '창문의 권리'라고 부른다.

그의 건축물 중 제일로 꼽는 것은 2000년도에 등장한 독일 다름슈타트에 있는 5층 아파트 숲의 나선(Waldspirale)이다. 도시 한가운데 바닷가 절벽이 있는 느낌으로 어느 한 곳도 중복된 표현이 없으며 외부에 드러난 선은 마치 춤을 추는 것처럼 보인다. 그의 건축물 대부분에 등장하는 금색 돔이 당연히 얹어져 있으며 남쪽으로도 비잔틴 건축을 나타내는 듯한 황금빛 돔이 얹어져 있다. 내부를 들여다보면 창을 비롯하여 타일마저 모두 다르게 생겼다. 욕실과 주방에는 콘셉트 없이 놓인 그만의 타일이 배치되어 있는데 어느 한 곳도 직선을 찾아볼 수 없다. 훈데르트바서의 어느 건축물보다도 정성이 담긴 것은 물론 그를 직접적으로 느낄 수 있는 건축물이다.

훈데르트바서는 자신의 예술 이론을 '초자연주의'라 불렀다. "사람이 자연 속을 거닐면 자연의 손님이며 자연에 예의 바른 손님으로 행동하는 법을 배워야 한다."라고 주장했으며 자연과 조화를 이루는 건축 유형을 전파하기를 원했다. 그는 모던의 확산이 메마르고 단조로운 건축물만 나타나게 만들었다고 생각했다. 그래서 이런 유형의 건축물에 대해 보이콧을 하고 대신 창의적인 건축의 자유와 개성있는 개별 건축물을 만들 권리를 요구하기도 했다.

이러한 그의 철학은 건축물과 자연에 대한 관계를 다시 한번 생각하게 하며 자연은 우리에게 무엇인가 생각해 보는 시간을 갖게 한다.

자하 하디드의 건축물 형태에는 액티브한 곡선과 그 곡선이 만들어내는 겹이 존재한다.
이는 어느 건축물 형태에서도 볼 수 없는 특징이다.
그녀의 고향, 중동의 사막이 가진 능선과도 같은 액티브한 곡선의 형태는
모든 틀에서 벗어난 자유로움을 느끼게 해 준다.

역동적인 바람을 담아내다

헤이다르 알리예브 센터

Heydar Aliyev Center

설계: 자하 하디드(Zaha Hadid)
준공: 2012
위치: 아제르바이잔 바쿠

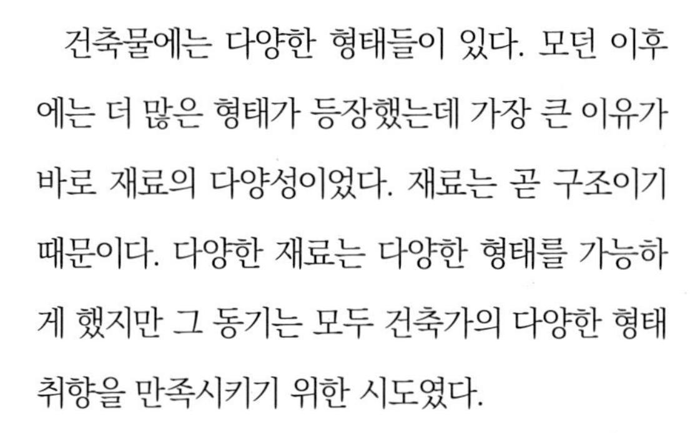

건축물에는 다양한 형태들이 있다. 모던 이후에는 더 많은 형태가 등장했는데 가장 큰 이유가 바로 재료의 다양성이었다. 재료는 곧 구조이기 때문이다. 다양한 재료는 다양한 형태를 가능하게 했지만 그 동기는 모두 건축가의 다양한 형태 취향을 만족시키기 위한 시도였다.

건축물의 형태를 분석해 보면 수직과 수평, 내부와 외부의 연속성, 형태 축의 개수 등으로 구분해 볼 수 있다. 그런데 이러한 구분의 범주를 벗어난 형태들도 있다. 이들은 기존의 형태 분석을 파괴하고 사고의 틀을 해체시킨 것들이다. 우리는 이러한 형태들을 해체주의라 부르기도 한다.

그런데 자하 하디드는 해체주의를 포함하여 지금까지 그 어느 건축물 형태에서도 볼 수 없었던 형태를 시도하였다. 이 건축가의 작품을 분석해 보면 두 가지 특징이 있다. 하나는 자유로운

곡선이다. 그녀의 곡선은 그래프와 같은 주기적 파동을 만들지 않는다. 또 다른 특징은 자유로운 곡선이 만드는 겹이다.

예술가는 성장 과정이나 환경의 영향을 받기도 한다. 자하 하디드가 가진 액티브한 곡선 표현은 그녀가 고향을 떠나 유럽에서 경험한 자유로움이 영향을 준 것 같다. 또 하나의 특징인 곡선들의 겹은 중동에 펼쳐진 사막의 선처럼 보인다. 그녀가 유럽에서 생활하는 동안 품었던 고

향에 대한 그리움이 반영된 것이리라 생각한다.

헤이다르 알리예브 센터를 그녀의 최고 작품으로 선정한 이유는 자신감 넘치고 역동적이며 사막의 선을 가장 단적으로 드러낸다고 생각했기 때문이다.

B

자연 파괴에 대한 메시지

베스트 건축물

Best Products Company

설계: 제임스 와인 & 사이트(James Wines & SITE)
준공: 1972
위치: 미국 버지니아

건축은 이제 끝인가? 의문이 들게 하는 건물이 있다. 바로 1970년에 설립한 회사 사이트(SITE)의 건축물이다. 이 회사 대표 제임스 와인은 기존의 건축물과 다른 방식으로 사람들에게 접근하였다. 그것은 기존 개념에 존재하는 사고의 파격이었다. 사이트의 건축물을 보면 개발 또는 파괴의 과정에 있는 이미지를 얻게 된다. 즉 건설 중이거나 철거 중 어느 순간이다. 익숙하지 않은 사이트의 건축물을 향해 설립자 제임스 와인은 친환경적이라 표현했고 그 디자인을 포스트 모던 건축이라 규정지었다.

제임스 와인은 베스트 건축물을 허물어지는 형태로 디자인하여
'자연의 복수'라는 메시지를 남긴다.
지구 환경의 가해자 인류는 멸망할 것이고, 가해자가 사라진
미래의 지구는 녹색으로 다시 뒤덮인다는 이야기이다.

제임스 와인은 건축물에 '자연의 복수'라는 단어를 개입시킨다. 복수라는 단어의 의미는 '가해자에게 다시 되돌려주는 것'이다. 그의 건축 형태를 이해하려면 인간이라는 가해자에게 자연은 무엇을 되돌려주는가를 생각해야 한다. 지금 지구는 기후 문제에 부딪혀 있다. 이러한 상황이 계속된다면 가해자인 인류는 멸망할 것이고 자연만이 남을 것이다. 가해자가 사라진 후 미래의 지구는 녹색으로 다시 뒤덮인다는 것이 그가 말하는 자연의 복수다.

그는 이러한 메시지를 1972년 버지니아에 위치한 베스트 건축물에 나타내기 시작했다. 매장에 사용한 건축 재료의 공통점은 바로 조적조(벽돌처럼 쌓는 형식) 구조다. 그는 '친환경' 또는 '녹색 건물'이라 부르는 건물에 티타늄 또는 알루미늄 같은 금속을 사용한 것에 대해 "환경 재앙의 시대에 이러한 재료를 사용한 것은 반생태적으로 미친 짓이다."라고 말했다.

이러한 그의 의도를 읽지 못한다면 우리는 사이트의 건축물을 기존의 건축물과 단순히 다르다고만 생각하는 데 그치고 말 것이다.

단순성, 내부와 외부의 교류, 단순한 기하학, 장식 없는 순수함
그리고 건축과 주변 조경을 연결한 표현을 가장 잘 나타낸 건물이
바로 물의 교회(Church on the Water) 이다.

건축과 조경의 연결

물의 교회 Church on the Water

설계: 안도 다다오(Ando Tadao)
준공: 1988
위치: 일본 홋카이도

과거의 건축은 자연환경, 기후, 토양 그리고 재료에 맞추어 지역적 특징을 갖고 있었다. 그러나 모던 건축이 시작된 후 지역적인 특성은 무시되고 일방적인 기능에 초점을 맞추다 보니 건축물의 형태가 너무 획일적으로 굳어지기 시작하였다.

안도 다다오는 모던이 주장하는 획일적인 건축물을 만들기보다 대지의 특성이나 조경 등을 건축물에 연계시키고, 자연이 제공하는 정신과 아름다움을 건축물과 엮으려 노력했다. 예를 들면 자연의 빛을 그 상태로 내부에 유입함으로 지형과 기후를 건축물과 연계시키거나 장식을 배제함으로써 건축물이 경관을 방해하지 않도록 설계하였다.

그는 너무 지역적인 것을 피하고자 했으며, 그 지역의 문화적인 풍습에 따르지 않고 그 대지가 가진 특성에 맞추려고 하였다. 이를 비판적 지역주의라고 한다. 그의 건축은 건축물 형태 자체가 장식적으로 작용하는 현대 건축과 장식적인 요소가 가미된 포스트 모던 건축에 부정적이었다. 그는 이러한 아이디어를 전통적인 일본 건축의 단순함을 나타내는 선(禪)에서 찾았다. 한편으로 그의 건축 형태는 하이쿠(일본에서 시작된 짧은 형식의 시 문장 구조)를 품고 있다고도 한다.

그의 건축물은 순수한 형태의 삼각형, 사각형, 원 등 기하학적 요소를 외부에 주로 사용하여 단순한 아름다움을 나타내고, 외부보다 복잡한 내부 공간 구조를 만들어 내면의 물리적 느낌을 제공하였다. 그가 단순함을 표현하기 위해 사용하는 것은 주로 콘크리트 면으로, 무중력을 의미하기도 하고 장식에 가려지지 않은 솔직함을 나타내기도 한다. 또한 그가 잘 사용하는 표현으로 자유로운 벽이 있다. 이는 내부와 외부를 잇는 가교 역할로 주변의 환경을 자연스럽게 공간으로 연결해 준다.

안도의 건축물 중 물의 교회는 벽에 대해 생각하게 만드는 건축물이다. 벽의 정의를 알지 못하면 이 건축물을 잘 이해할 수 없다. 벽은 무엇인가? 벽은 시야가 더 이상 가지 못하는 장소이다. 물의 교회에서 정면의 벽은 유리가 아니고 저 너머에 있는 가로수 벽이다. 이는 곧 공간의 한계를 확장한, 벽의 의미를 잘 사용한 표현이다. 단순성, 내부와 외부의 교류, 단순한 기하학, 장식 없는 순수함 그리고 건축과 주변 조경을 연결한 표현을 가장 잘 나타낸 건물이 바로 물의 교회(Church on the Water) 이다.

벽은 시야가 더 이상 가지 못하는 장소이다.
물의 교회에서 정면의 벽은 유리가 아닌 저 너머의 가로수 벽이다.
공간의 한계를 확장한, 벽의 의미를 잘 사용한 표현이다.

리나 델 발리스 극장은 붉은색 조적조와 다양한 사각형을 조합하여 대지의 온화함을 더욱 완벽하게 드러낸 작품이다.

건축과 대지의 조화를 보여 주다

리나 델 발리스 극장

Teatre Auditori de Llinars del Vallès

설계: 알바로 시자(Álvaro Siza)
준공: 2016
위치: 스페인 바르셀로나

뛰어난 건축가의 작품은 프롤로그에서 언급한 4가지 특징(언행일치, 스타일, 원조, 마무리)의 기준이 대부분 일관되게 나타난다. 작품을 이해하는 데 있어 그 작품을 먼저 보는 것은 큰 의미가 없다. 작가의 언행과 다수의 작품을 보면서 경향을 파악하고 그 작가의 건축 이념을 통하여 스타일을 이해하면 작품을 더 잘 파악할 수 있다. 아는 것만큼 볼 수 있는 것이다.

알바로 시자는 "건축가는 아무것도 창조하지 않습니다. 단지 실재를 변형(Transform)할 뿐입니다."라고 말했다. 그에게 변형이란 건축부지의 부족한 요소를 파악하고 건물과 자연환경, 새로운 요소와 옛 특성, 감각적인 것과 이성적인 것 등을 함께 연결하는 작업이며, 기존의 건축양식을 해당 건축부지가 갖는 고유한 특성에 맞도록 유연하게 변화시키는 것이다. 그는 조형적인 화

다양한 곡면으로 이루어진 파주의 미메시스 아트 뮤지엄(Mimesis Art Museum)

려함을 강조하기보다 건축물과 주변 대지의 조화, 사용자를 배려한 기능을 추구하는 것에 주력하였다.

훌륭한 건축가는 대지의 특성을 분명하게 설계에 반영한다. 대지가 갖고 있는 주변의 상황 그리고 대지 자체의 성격 등을 잘 파악한다면 건축의 형태는 어느 정도 윤곽이 잡힌다. 알바로 시자의 말처럼 우리는 창조하는 것이 아니라 대지가 완벽해질 수 있도록 현재 상태에 무엇인가를 첨가하는 작업을 하는 것일 수도 있다.

그의 건축 작품은 얼핏 보면 다른 건축가와 다르게 스타일이 명확하지 않다. 이는 건축 대지가 다양하기 때문이다. 대지는 자신이 무엇을 원하는지 건축가에게 분명히 요구하고 있다. 예를 들어 프랭크 로이드 라

음과 양의 조화, 서투름을 가장한 힘 주지 않는 아름다움의 조화, 자연과 인공의 조화를 가진 포르투 건축대학(Faculty of Architecture, University of Porto)

이트의 낙수장을 그대로 도심에 놓는다면 그 건축물이 받았던 찬사는 분명히 희석될 것이다.

그의 작품 중 최고로 선택한 스페인에 있는 리나 델 발리스 극장은 대지의 온화함과 복잡하지 않은 구성을 고려한 그의 건축 의도를 잘 읽을 수 있는 작품이다. 특히 붉은색 조적조와 다양한 사각형 조합은 대지를 상징하는 것으로, 이 건축물은 그만의 작품이기보다 대지가 함께 만들어 낸 작품이라 하겠다.

카사 델 아구아는 빛의 작용과 빛을 더 빛처럼 보이게 하는
그림자의 조화를 잘 보여준 건축물로
멕시코를 떠오르게 하는 파스텔 톤 색채가 빛 속에서
생동감과 열정적인 분위기를 연출한다.

자연의 언어를 공간에 넣다

카사 델 아구아 Casa Del Agua

설계: 리카르도 레고레타(Ricardo Legorreta)
준공: 2009
위치: 대한민국 제주

건축물은 형태 언어이다. 음악가는 악보로 언어를 나타내고, 미술가는 그림으로, 시인은 단어로 자신의 언어를 사용한다. 건축가는 형태로 자신의 언어를 표현한다. 많은 건축가들은 자신만의 스타일이 있으며, 이를 형태로 나타낸다.

대부분의 건축가들이 건축물의 형태에 공통적으로 담는 요소가 있는데, 그것은 바로 자연과 빛이다. 과거 설비가 발달하지 않았던 시대에는 외부와 내부의 분리가 어쩔 수 없는 한계였지만, 밀폐된 공간 속에서 자연에 대한 그리움을 포기할 수는 없었다.

자연은 건축가에게 결코 버릴 수 없는 그 무엇이다. 이런 측면에서 자연으로부터 영감을 얻고 자연과 공존하는 건축물을 시도한 건축가가 있다. 바로 리카르도 레고레타이다. 그는 멕시코의 풍부한 빛과 다양한 자연의 요소를 공간에 넣기 위해 빛과 자연의 언어를 사용했다. 그는 인간과 환경이라는 두 요소를 분리하지 않고 공존하는 것이 무엇인가 고민하며, 빛에 마음과 영이 속한다고 생각하는 건축가다. 빛은 사람을 끌어당기고 길을 안내하며, 사람들은 멀리서 빛을 향해 간다고 믿는 것이다. 물론 이러한 생각을 가진 건축가는 많다. 그러나 레고레타처럼 빛과 공간을 잘 어울리게 표현한 건축가는 많지 않다.

건축에 물, 바람, 공기, 빛 등의 자연적인 요소들을 끌어들여 그곳에 머무는 사람의 영혼마저 어루만져주는 따뜻한 건축물을 완성하고자 하는 것이 그의 목표다. 그의 작품 중 최고로 선택한 것이 제주도 중문단지의 카사 델 아구아 호텔(물의 집)인데, 빛의 작용과 빛을 더 빛처럼 보이게 하는 그림자의 조화를 잘 보여준 건축물 중 하나이다. 이 건축물을 살펴보면 빛 이외에는 색채와 사각형만이 존재한다. 그의 색채는 멕시코를 떠오르게 하며 원색보다 파스텔 풍으로 빛 속에 담긴 색채가 생동감과 열정적인 분위기를 보여 준다.

레고레타는 바라간(Luis Barragán)의 제자였다. 바라간은 1940년대와 1950년대에 전통과 현대를 혼합하였다. 그리고 레고레타는 빛과 그림자의 놀이, 밝은 색상의 사용, 견고한 플라톤 기하학적 모양을 포함하여 바라간의 건축 요소를 작품에 적용했다. 특히 기하학적인 형태는 보는 이를 더 안정감 있게 만들었다. 그의 건축물은 빛의 움직임에 따라 변화한다. 이는 동일한 공간에서 시간에 따른 느낌의 변화로 일종의 4차원적인 표현이다.

건축에 물, 바람, 공기, 빛 등의 자연적인 요소들을 끌어들여 그곳에 머무는 사람의 영혼마저 어루만져주는 따뜻한 건축물을 완성하고자 하는 것이 그의 목표이다.

도전,
평범함에 맞서는 저항

다양한 양식은 이전의 표준을 위반하는 행위인 동시에 이전 것에 대한 도전이다. 이 도전으로 인하여 우리는 새로운 것을 맞이하게 된다. 인류 역사상 수없이 많은 도전이 있었고 성공한 것보다는 실패한 것이 더 많았다. 그러나 도전의 의미는 실패가 아니고 성공에 있다. 그래서 인류는 끝없이 새로운 것에 도전하는 것이다.

Dom-Ino House

Concrete Country House Project

The French Embassy in Korea

Markthal

Maastricht Academy of Art and Architecture

Opus Tower

Golf Club Hostivař

Lè Architecture

Capital Gate

Erl Festival House

Sharp Center For Design

도전,
평범함에 맞서는 저항

피터 아이젠만(Peter Eisenman)은 이렇게 말했다. "건축은 표준성에 흡수되지 않고 저항하는 것이다. 흡수에 대한 저항이 바로 현재성이다." 그의 표현을 분석한다면 표준이라는 것은 곧 과거다. 표준을 따른다는 것은 과거의 연속선상에 있을 뿐 현재의 새로운 것을 만드는 것이 아니라 과거의 반복적인 행위를 한다는 것을 의미한다. 즉 표준을 위반한다는 것은 새로운 창조와 같다고 보는 것이다.

그의 표현을 조금만 더 옮겨보자. "역사에는 항상 두 가지 힘이 작용하고 있다. 하나는 유형을 정형화하고 표준화를 위해 움직이는 정상화, 일반화의 힘이다. 다른 하나는 위반의 힘인데 표준화에 대항하는 방향으로 나가고, 이를 바꾸려고 한다. 이 위반의 힘은 여러 번 반복되어 새로운 유형에 다시 흡수된다." 즉, 표준에 대한 위반은 반복이라는 과정을 통하여 표준이 되고 여기에서 또 다른 위반을 통하여 새로움이 탄생한다고 믿는 것이다.

피터 아이젠만이 주장한 표준에 대한 힘의 작용은 크게 세 가지가 있다. 표준에 속해 있는 것과 표준을 위반하는 것, 그리고 새로운 표준에 흡수되는 것이다. 그의 표현대로라면 상식 또한 표준으로 볼 수 있다. 우리는 표준 또는 상식적인 것에 익숙해져 있는 셈이다.

"지나치게 새로운 것만큼 위험한 것도 없다. 그만큼 빨리 구식이 되어버리기 때문이다." 이것은 오스카 와일드의 표현이다. 이렇게 다양한 표현들이 우리를 혼란스럽게 한다. 그러나 그렇게 부정적인 판단을 굳이 할 필요는 없다. 디자인이라는 것은 궁극적으로는 디자이너의 주관적인 판단에 의해 생성되는 것인 만큼 자신이 가진 지식의 한도 내에서 판단하면 되는 것이다.

다양한 양식은 이전의 표준을 위반하는 행위인 동시에 이전 것에 대한 도전이다. 이 도전으로 인하여 우리는 새로운 것을 맞이하게 된다. 디자인의 역사를 살펴보면 두 가지 흐름이 있다. 하나는 모대(Mode), 다른 하나는 대모대(Demode)이다.

이 두 개의 현상이 처음에 일어나 살아남으면 그것이 양식이 되고 사라지면 유행이 되는 것이다. 인간을 위한 영원성이 이 판단의 기준이다. 기디온은 이를 구성적 사실(새로운 전통을 만드는 지속적인 경향들)과 일시적 사실(유행의 극치, 예: 프랑스 제2제국 양식 가구)로 다시 구분하였다.

인류 역사상 수없이 많은 도전이 있었고 성공한 것보다는 실패한 것이 더 많았다. 그러나 도전의 의미는 실패가 아니고 성공에 있다. 그래서 인류는 끝없이 새로운 것에 도전하는 것이다.

FINLANDIA
NO ENTRY
NON ENTRARE

효율의 추구, 국제양식이 되다

돔이노 하우스 Dom-Ino House

설계: 르 꼬르뷔지에(Le Corbusier)
준공: 1914-1915

유럽에서 제1차 세계대전이 발발하였다. 각 국가 간의 치열한 상황 속에서 도시는 여러가지 문제에 휩싸이게 된다. 그중에서도 주택의 파괴는 전쟁의 시작과 함께 찾아온 당장 시급한 문제로 등장하였다. 과거의 건축 방법으로는 절대로 빠른 시간 안에 주택 재건을 할 수 없었다. 규격화된 주택 시스템이 존재하지도 않았고 더욱이 과거의 건축물 형태를 위한 건축 재료를 구하기도 힘들었기 때문이다.

돔이노 시스템의 효율성은
전후 재건 작업에 많은 도움을 주었고, 세계 각 지역의
고전적 건축 재료와 건설 방법에 지대한 영향을 미쳐
국제양식이라는 새로운 형태를 만들어 냈다.

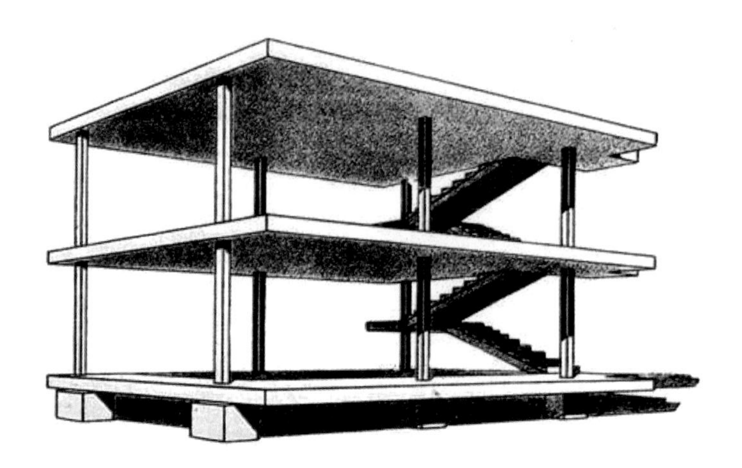

돔이노 시스템

르 꼬르뷔지에는 규격화된 주거 건축물의 구조 시스템(프레임워크: 일정하게 고정된 형태)을 제시하여 쉽고 빠르게 주거 건축물을 짓도록 하였다. 이것이 이 건축물을 선택한 첫 번째 이유이다. 이 시스템을 통해 기본적인 틀을 만들고 개구부인 문과 창문을 비워진 곳 어디든 넣을 수 있게 하여 전쟁 중 부서진 건물에서 생겨난 문과 창문을 바로 갖다 넣을 수 있게 만든 것이다. 두 번째 이유는 이 구조가 거푸집 없이 작업이 가능한 방법이었기 때문이다. 기둥, 바닥 그리고 계단은 철근 콘크리트로 작업 시간을 단축할 수 있어서 재건 작업에 많은 도움이 되었다.

당시 이 주거 형태는 주변에서 쉽게 얻을 수 있는 전쟁 폐허의 폐기물로 완성할 수 있었다. 제1차 세계대전은 1918년에 끝났지만 이 구조 형태는 1927년까지 주도적인 시공 방법으로 사용되었다. 캔틸레버(Cantilever)라 부르는 기둥보다 더 튀어나온 바닥은 주거 유형에 따라 다양한 형태를 가능하게 하고 공간에 자유를 부여하는 좋은 방법이었다. 또 필로티(Pilotis)는 바닥에서 주거 형태가 시작되는 것이 아니라 띄운 모양으로 대지 형태나 성격에서 자유롭게 해 주었다.

돔이노 시스템은 후에 르 꼬르뷔지에의 건축의 5원칙(필로티, 자유로운 평면, 자유로운 입면, 띠 창, 옥상정원)의 기초가 된다. 모든 건축물의 첫 번째로 돔이노 하우스를 최고로 선택한 것은 우리 건축 환경에 가장 많은 영향을 주었기 때문이다. 돔이노 시스템은 전 세계로 확산되어 각 지역의 고전적 건축 재료와 건설 방법에 지대한 영향을 미쳤으며, 세계 전 지역의 주택 건설 방법을 바꾸며 국제양식이라는 새로운 형태를 만들어 냈다.

베니스 건축 비엔날레에서 구현된
르 꼬르뷔지에의 Maison Dom-ino

미스의 조적조 건축물은 벽과 공간의 시작과 끝에 자유를 주어 내부와 외부의 경계를 허물었고, 벽에서 자유롭지 못했던 과거의 공간 성격에 새로운 가능성을 제시한 선구자적인 계획이었다.

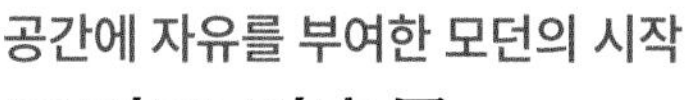
공간에 자유를 부여한 모던의 시작

조적조 건축물

Concrete Country House Project

설계: 루드비히 미스 판 데어 로에(Ludwig Mies van der Rohe)
준공: 1924

산업혁명이 갖고 온 변화는 다양했다. 그중 하나가 바로 풍부해진 재료에 의한 기술의 진보다. 기술은 새로운 가능성을 암시하였으며 이로 인해 각 분야의 변화는 과거보다 그 속도가 매우 빨라졌다. 이 변화는 단지 물리적인 변화뿐 아니라 사고의 변화도 요구하였다. 하지만 기술의 발달 속도에 비하여 사고의 변화는 다양하지 못했다. 시민혁명 또한 그러했다. 권력 체제의 변화로 사회의 자유가 다양해졌지만 정작 시민들의 생활은 크게 변화하지 못했다. 그 원인 중 하나는 바로 자유에 대한 다양한 경험 부족이었다. 막상 자유를 쟁취하였지만 그 의미를 깨닫는 데 시간이 필요했던 것이다. 1900년대 중반은 이렇게 시대가 요구하는 사고의 자유를 찾아나가는 시기였다.

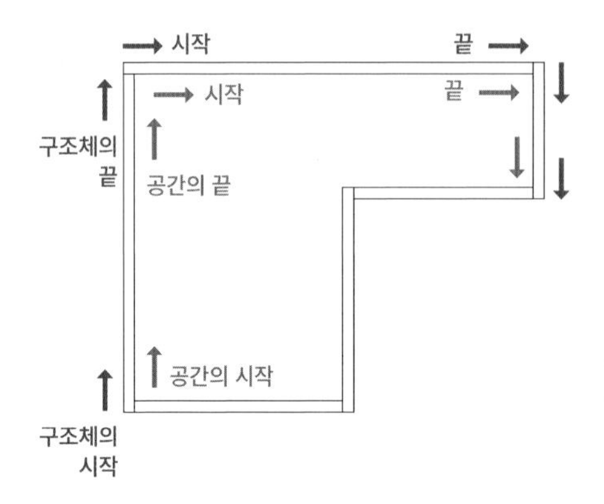

과거의 건축물은 대부분
공간의 시작과 벽의 시작이 동일했다.

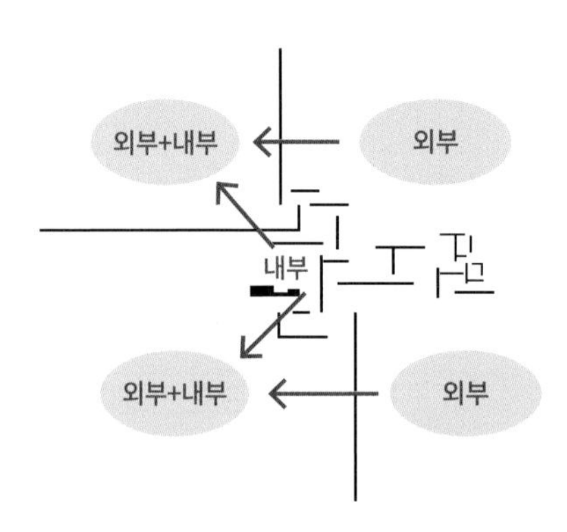

벽과 공간의 시작과 끝에
자유를 두었다.

건축에서도 새로운 시대에 걸맞은 새로운 표현이 요구되었지만, 여전히 과거의 굴레에서 자유롭지 못했다. 과거의 건축물은 대부분 공간의 시작과 벽의 시작이 동일했고 그 끝도 마찬가지였다. 이는 과거의 재료가 가진 한계였는데 산업혁명 이후 다양해진 재료(특히 철과 유리)는 건축 형태에도 변화를 가져왔다. 그러나 내부와 외부의 단절에 의한 폐쇄적 공간은 계속되었다.

과거의 굴레에서 벗어나려는 시도가 쏟아져 나오면서 지속 가능한 모던의 시작에 이르렀다. 그중 하나가 바로 1924년 미스가 선보인 조적조 건축물이다. 미스는 벽과 공간의 시작과 끝에 자유를 주었다. 이는 곧 공간의 자유이자 내부와 외부의 경계를 허무는 것이었다.

아래 그림 가운데를 보면 내부에서 돌출된 벽이 보인다. 공간 내에 있는 벽은 공간을 나누고 때로 하중을 전달하는 의무를 갖고 있지만, 밖으로 돌출된 벽은 자유를 의미한다. 이 벽의 등장으로 외부는 다시 새로운 영역을 만들어 낸다. 세 번째 그림은 공간은 있으나 공간이 존재하지 않는 영역이다. 이러한 미스의 제안은 벽에서 자유롭지 못했던 과거의 공간 성격에 새로운 가능성을 제시한 선구자적인 계획이었다.

이 계획이 주는 의미는 구조에서 자유롭지 못했던 과거의 건축 형태에 던지는 메시지다. 특히 벽의 자유로움은 건축 형태의 자유로움을 나타낸다는 것을 시사한다. 다시 말해 모든 건축 요소가 반드시 끝과 끝에서 만나지 않아도 건축물은 충분히 안전한 형태를 만들어 낼 수 있음을 그는 알리려 했던 것이다.

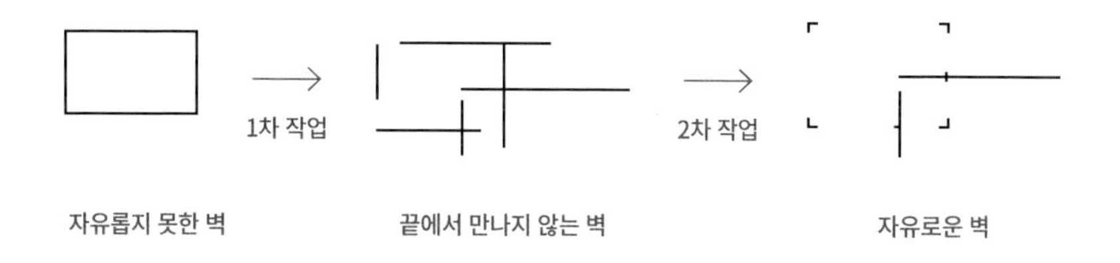

공간 내에 있는 벽은 공간을 나누고 때로 하중을 전달하는 의무를 갖고 있지만,
밖으로 돌출된 벽은 자유를 의미한다.

한국 건축의 아름다움

주한 프랑스 대사관

The French Embassy in Korea

설계: 김중업(Kim Joong-up)
준공: 1960
위치: 대한민국 서울

김중업의 작품에는 한국적인 감성을 그대로 담은 세 가지 특징이 있다. 처마, 기둥 그리고 연결 통로이다. 한국전쟁 후 밀려오는 외국 문물 앞에서 그는 우리 고건축에 깃든 상반된 개념의 공존을 건축 형태로 가져와 우리 것에 대한 가치를 되묻고자 했다. 한국 처마의 기능(영역의 보존)과 선(버선, 한복의 소매 등에 있는 라인)이 얼마나 자연에 순응적인지, 우리의 기둥이 구조적 기능에 더해 공간의 완충적인 역할도 담당하고 있음을 보여 주고자 했던 것이다.

이를 가장 잘 보여 주는 것이 바로 1960년에 등장한 주한 프랑스 대사관이다.

김중업은 프랑스 대사관에 한국 건축의 고유한
내적 미를 담아냈다. 심리적인 영역의 구분까지 배려한
공간의 분리, 그리고 곡선의 미를 가미하여
프랑스인들에게 이국적인 감성을 선사하였다.

한국 건축의 고유한 내적 미를 담아낸 이 건축물은 내부와 외부, 단절된 영역, 직선의 절대성 등 서양 건축의 특징에 중간 영역, 영역의 단계, 그리고 곡선의 미를 가미하여 서양 근대 건축의 거장들이 1900년대 초에 보여 준 그 메시지를 우리에게 던졌다.

프랑스 대사관이지만 그는 이 건축물에 한국 건축의 고유한 내적 미를 담아냈다. 한국의 공간 구조는 공용 공간이 존재하는 서양의 구조와는 다르게 기능적으로 분리되어 있다. 이 기능적 공간 분리는 물리적인 방법만 적용하지 않고 내부와 외부를 담당하는 심리적인 영역의 구분까지 배려한 것이다.

김중업은 우리의 표현을 보여 주기 위해 하부를 관통시키고 1층은 필로티 형식으로 만들었다. 특히 공간으로 침투되는 빛의 점진적인 단계는 한국의 정서를 잘 담아낸 것이다. 지붕이 전체적인 영역을 표현하지만, 기둥의 영역을 벗어난 지붕은 처마를 만들어 내면서 한국의 사계절에 다른 빛의 각도를 잘 반영하였다. 그는 일반적인 서양 건축의 답습이 아닌 서양 건축의 형태에 한국의 정서를 잘 표현하여 프랑스인들에게 이국적인 감성을 선사하였고, 프랑스 정부로부터 훈장을 수여 받기에 이르렀다.

프랑스 대사관은 김중업 자신에게도 의미가 각별한 건물이다. 그는 한국 건축사에서 슬픈 역사의 증인이다. 김중업은 1970년대 초 서울의 도시 건설 방향에 대하여 건축가로서 조언한 적이 있는데 정부는 그의 충고를 탐탁지 않게 여겨 그를 추방하였다. 10년에 가까운 기간 동안 재산을 몰수당하고 외국에서 힘든 시간을 보내야 했지만, 이 건축물 덕분에 프랑스 정부의 도움을 받을 수 있었다.

올림픽공원의 서울 세계 평화의 문

김중업을 존경하는 한 사람의 건축가로서 만일 그가 추방되지 않았다면 한국의 건축은 분명히 달라졌다고 말할 수 있다. 그는 언제나 한국 건축의 미래를 생각했으며 건축물에도 체계적으로 그 메시지를 담았다. 그에게 그 10년이 사라지지 않았다면 장담컨대 건축의 노벨상에 해당하는 프리츠커 상을 수상하는 한국 최초의 건축가가 되었을 것이고, 한국은 그의 뒤를 잇는 수상자를 배출했을 것이다.

MVRDV의 건축공간은 마치 여러 개의 블록을 쌓아 놓은 형태를 하고 있다.
마켓홀은 공간을 하나의 픽셀 개념으로 보고 집합체를 만드는
MVRDV의 건축 언어를 가장 잘 보여 주는 작품이라 할 수 있다.

데이터의 분석, 새로운 스타일을 만들다

마켓홀 Markthal

설계: MVRDV
준공: 2014
위치: 네덜란드 로테르담

유명한 건축가들은 자신만의 스타일이 있다. 이오 밍 페이는 삼각형, 리차드 마이어는 백색, 프랭크 게리와 자하 하디드는 곡선, 글래스고우 파는 사각형, 피터 아이젠만은 시간 등 자신의 표현 스타일을 자신의 작품에 담는다. 이러한 경향을 안다면 그들의 작품을 이해하는 데 많은 도움이 된다. 각자 스타일은 다르지만 대체로 형태에 그 특징을 담는다. 즉, 스타일이란 형태적 특징이다. 그런데 매 번 작품의 형태적 특징이 다르게 나타나는 건축 그룹이 있다. 바로 네덜란드의 MVRDV이다.

MVRDV는 위니 마스(Winy Maas), 야콥 판 라이스(Jacob Van Rijs), 나탈리 드 프리스(Nathalie de Vries) 3명이 동업하여 만든 건축회사다. 이들은 형태적인 스타일을 추구하지 않고 데이터를 통하여 수집한 정보를 객관화시키는 방식을 추구한다. 만약 다른 건축가의 방법에 익숙해져 있다면 그 의미를 이해하는 것이 어렵게 느껴질지도 모른다.

그들의 작업은 즉흥적인 방법으로 이루어지지 않는다. 건물이 들어설 환경과 대지를 분석하여 이를 데이터화시키고 이 데이터가 갖고 있는 한계가 무엇인지 분석한다. 그 후 이를 해결하기 위하여 건축물 자체에 도시공간을 설계하는 것이다. 하나의 건축물에 다양한 가능성을 넣는다고 말할 수도 있다.

MVRDV의 건축을 이해하려면 그들의 건축 언어(Stack, Pixel, Village, Activator)를 이해해야 한다. 그들의 작업은 블록을 쌓아 올리는 것(Stack)과 같다. 픽셀(Pixel)은 이미지의 최소 단위이며, 픽셀이 모여 집합체(Village)가 된다. 그렇게 만들어진 집합체들을 다시금 쌓아 올려 활성화(Activator)시킴으로써 완성된다. 일반적인 건축공간이 하향식으로 동선체계가 구성되어 있다면, MVRDV의 건축 공간은 전체 형태에서 공간을 하나의 픽셀 개념으로 보고 집합체를 구성하는 상향식 구성을 보여준다. 2014년에 네덜란드 로테르담에 지은 마켓홀은 MVRDV의 4가지 언어 개념을 가장 잘 보여 주는 건축물이라 할 수 있다.

MVRDV의 건축물은 그 자체가 하나의 도시공간이며,
다양한 가능성을 내포하고 있다.

마스트리히트 예술대학은 바닥재로 유리블록을 채용하는 등
많은 부분에서 색다른 시도가 이루어졌다. 지역의 색과 변화를 읽어낸 이 건축물에
비평가들은 '인스턴트 클래식'이라는 찬사를 보냈다.

지역을 반영한 공간 연출

마스트리히트 예술대학

Maastricht Academy of Art and Architecture

설계: 비엘 아레츠(Wiel Arets)
준공: 1993
위치: 네덜란드 마스트리히트

비엘 아레츠의 건축물에는 현재에 대한 저항이 보인다. 새로운 것과 오래된 것이 언제나 좋거나 나쁜 것은 아니다. 그러나 창조를 위해서는 과거를 답습하는 것이 아니라 새로운 것을 만들어야 한다.

비엘 아레츠는 획일적인 방법을 따르는 것이 아닌 다른 표현을 사용하여 감동을 이끌어 내고자 했다. 스페인의 빌바오가 조선과 철의 도시 코드를 따르지 않고 다른 문화로 바꾸어 새로움을 시도한 것과 같은 맥락이다.

건축에 있어 지역적 상황에 따른다는 것은 교과서적인 내용이다. 환경을 읽고 그 환경에 적합한 것을 만드는 것은 어울림이며 도시의 성격에 따르는 것이다. 그러나 비엘 아레츠는 지역적 상황에 순응하지 않고 대응하는 방법을 제시했다.

그 지역이 갖고 있는 콘텍스트에 적합하면서도 변화 또한 읽어내는 자신만의 해결책을 시도한 것이다.

건축가 비엘 아레츠는 건축 표현의 일반적인 표현보다는 각 형태의 기본적 특성을 찾아내어 표현하려 했다. 이 방법으로 주변에 흔한 기하학적인 기본 형태, 예를 들어 사각형, 삼각형 등에서 형태 소스를 갖고 오지만 이들에 엄격한 질서를 부여하여 표현하였다.

비엘이 2004년에 설계한 네덜란드 위트레흐트에 있는 도서관은 여러 면에서 매력적이며, 무엇보다 따뜻한 휴머니즘이 느껴진다. 선명한 검은색 봉투 안에 비엘 아레츠는 낮은 공간, 높은 공간, 넓은 공간, 압축된 공간, 밝은 공간, 어두운 공간 등 다양한 공간을 보여 주고 있다.

도서관 외부 글레이징은 사진 작가 킴 즈왈츠(Kim Zwarts)가 제작한 죽순 이미지로 스크린 인쇄되었으며, 검정색으로 칠해진 도서관 내부 조립식 콘크리트 패널 벽에 촉각으로 각인된 표면 패턴을 보여 준다. 이 '촉각'은 이후 각인된 콘크리트 또는 스크린 인쇄된 유리 외관의 형태로 많은 아레츠의 프로젝트에 나타난다.

그의 작품 중 마스트리히트 예술대학은 여러 부분에서 다른 시도가 보이는데, 특히 바닥을 유리블록으로 시공한 것은 획기적인 시도임이 분명하다. 완공된 이 건물에 대해 비평가들은 '인스턴트 클래식'이라는 환호를 보내기도 하였다.

비엘 아레츠는 완성도 높은 획일적인 방법 대신,
신선하고 색다른 표현을 사용하여 감탄을 이끌어 냈다.

오퍼스 타워는 자하 하디드 작품의 특징인 액티브한 곡선이 유리 큐브의 직교 기하학과
극적인 대조를 이루고 있다. 이 건축물은 외부와 내부 모두를 완벽하게 표현한
세계 유일의 호텔로 하디드의 디자인이 세상에 받아들여질 시간이 되었음을 보여 준다.

내부와 외부의 완벽한 조화

오퍼스 타워 Opus Tower

설계: 자하 하디드(Zaha Hadid)
준공: 2020
위치: 아랍에미리트 두바이

과거의 건축가들은 석재라는 재료의 한계로 인해 내부가 외부를 반영하게 만드는 것을 고민했다. 반면 현대의 건축가들은 외부 형태와 내부 형태를 서로 독립적으로 분리시킬 수 있게 되었다. 이번에 소개할 오퍼스 타워는 건축물의 내부와 외부가 독립적으로 분리되어 있으면서도, 건축가의 의도가 내·외부에 그대로 반영된 좋은 예다.

두바이의 부르즈 할리파(Burj Khalifa) 지구에 위치한 20층 건축물 오퍼스는 호텔, 사무실, 서비스 아파트 및 여러 레스토랑이 있는 투영성 강한 유리 건물이다. 이 건축물은 자하 하디드가 사망한 2016년으로부터 4년 후인 2020년에 문을 연 건축물로 자하 하디드가 디자인한 건물 중 외부와 내부를 모두 완벽하게 표현한 세계 유일의 호텔이다.

건축가의 디자인 의도를 내부에도 반영한 건축물은 드물다.
심지어 이 건축물처럼 상세한 부분까지 적용되는 경우는 더욱 그렇다.

오퍼스 타워는 중앙을 관통하는 무정형 구멍이 있는 거대한 입방체처럼 보이지만 실제로는 보이드 효과를 만들기 위해 상단과 하단에 연결된 한 쌍의 타워를 갖고 있다. 한 쌍의 타워는 채워진 것(솔리드)이며 건물의 틈새는 비워진 것(보이드)이다. 하디드는 이러한 표현을 단순하게 여겼고, 상하로 교량 건물을 연결하여 비워진 부분을 극적으로 연출했다. 하디드가 사망한 후 이 프로젝트를 끝까지 수행한 ZHA(Zaha Hadid Architects) 프로젝트 디렉터인 크리스토스 파사스(Christos Passas)는 "오퍼스의 기본 유리 큐브의 정확한 직교 기하학은 중앙에 있는 8층 공간의 유동성과 극적으로 대조됩니다."라고 설명했다. 4층짜리 아트리움은 두 개의 탑을 연결하고 있다. 두 개의 탑 건물 사이 지상 71m 지점에서 로비가 있는 교량 건물인 3층 다리가 시작된다.

건물 전체에 에너지 절약을 위한 자동 환기와 센서 조명 장치가 반영되어 있다.
객실에는 가급적 플라스틱을 사용하지 않는 지속가능한 호텔의 모습도 보이고 있다.

호텔 내부는 74개의 침실과 19개의 스위트룸으로 구성되어 있다. 로비가 유리 천장을 형성하는 오퍼스의 시그니처 보이드 바로 아래에 있어 로비 내부 공간 전체를 밝혀주고 있으며, 로비 공간에서 위를 보면 돌출된 발코니가 있는 3층짜리 갤러리가 로비 공간 전체를 두르고 있다. 하디드의 건축물답게 발코니의 벤치에도 곡선형 프레임이 채택되었는데 이는 자하 하디드 디자인의 페탈리나 컬렉션에서 가져온 것이다.

호텔 침실에는 벽에서 돌출된 조각 프레임에 매트리스가 깔린 자하 하디드가 디자인한 침대가 있다. 세면대와 샤워기도 마찬가지로 자하 하디드의 2015년 컬렉션(Noken Porcelanosa Vitae)에서 가져온 것인데, 이중 세면대 위에는 오퍼스의 중앙 공간과 일치하는 것처럼 곡선이 있는 쌍둥이 거울이 걸려 있다. 지속가능성을 위한 노력의 일환으로 모든 객실에 플라스틱 병을 사용하지 않고 모든 투숙객에게 스테인리스 스틸 물병을 제공하며, 정수기는 투숙객이 불편하지 않도록 호텔 곳곳에 놓여져 있다.

자하 하디드의 전체적인 작품에서 나타나듯 그의 곡선은 이 건축물에서도 잘 드러나고 있다. 대부분의 건축물은 외부형태에서 건축가의 디자인 의도를 잘 보여 주지만 내부에서 이러한 의도가 반영되는 것은 흔치 않다. 심지어 이 건축물처럼 상세한 부분까지 적용되는 경우는 더욱 드물다.

초기 하디드의 작품보다 뒤로 갈수록 강하고 상세하게 그의 디자인 의도가 적용되는 것을 보면 이제는 하디드의 디자인이 세상에 받아들여질 시간이 되었음을 알 수 있다. 단지 그의 사망으로 이러한 건축물이 우리 도시에 더 이상 나타나지 않을까봐 안타까울 뿐이다.

2020년 세계에서 가장 큰 공항으로 터미널 역시 단일 건물로 세계 최대 규모이자
자하 하디드의 유작 중 하나인 베이징 다싱 국제공항(Beijing Daxing International Airport)

인간의 작품은 어느 것도 자연과 같을 수는 없다.
호스티바는 인공물인 건축물이 자연과 같을 것이 아니라
닮고 조화를 이뤄야 한다는 사실을 보여 준다.

주변 환경과의 조화

호스티바 골프 클럽

Golf Club Hostivař

설계: ADR
준공: 2002
위치: 체코 프라하

이 건축물은 ADR s.r.o.에서 설계한 체코 프라하의 9홀 코스 골프 클럽 호스티바(Hostivař)이다. 이 클럽 건축물의 주 포인트는 자연을 닮은 형태이다. 이 건축물이 세워진 부지는 도시의 일부였지만 관리가 되지 않은 채 오랫동안 방치되어 있던 직선 형태의 공터였다.

시는 이곳을 자연 상태를 최대한 보존하면서도 시민들이 이용할 수 있는 공간으로 개발하기를 원했다. 또한, 유지비 확충을 위해 최소한의 상업 공간을 설치하고자 했다. 투자자의 의도를 파악한 건축가는 이 골프 클럽을 설계할 때 남은 부지에 녹지, 레크리에이션 및 스포츠 시설 등 도시민에게 오아시스와 같은 시설을 추가하여 투자자의 요구를 최대한 반영하였다. 그리하여 1층에는 시설 및 창고, 실내 체육 시설, 상업 취사 구역을, 2층에는 스포츠, 상업 및 행정 구역을 배치한

다기능 건축 공간이 탄생하였다. 여기서 중요한 포인트는 시설을 시민들에게 돌려주되 자연을 훼손하지 않는 것이었다.

그리고 도시와 건축가는 건축물이 도시에서 디자인적인 역할을 하기를 원했다. 그 디자인의 목표는 멀리서 보았을 때 클럽 시설을 특징짓는 상징적인 이미지를 나타내면서도 내부에서는 다기능 건축 공간의 이미지를 보여 주는 것이었다. ADR(Architecture, Design, Realization의 약자) 스튜디오의 건축가 페트르 콜라(Petr Kolař)는 현대적인 디자인의 최신 트렌드를 반영하면서도 매우 신선하고 상상력이 풍부해 보이기를 원하는 투자자의 요구를 최대한 설계에 반영하고자 했다. 그는 투자자의 요구를 충족하기 위해 외부 마감재의 틀에 얽매이지 않는 것을 택했다. 그는 이 골프 클럽을 설계하며 "우리의 의도는 건물이 주변 환경과 잘 어울리도록 하는 것이었다. 따라서 정면에는 메스가 전달하는 질량 이미지를 제한하는 이미지를 넣고 싶었다. 돌은 너무 까다로워서 조립식 홀과 너무 비슷하고 동시에 비싸지 않게 하려면 이를 만족하는 재료는 나무가 가장 적절했다."라는 결론을 내렸고, 주변 자연과 잘 어울리도록 자연스러운 나무 마감 배치를 구상하였다. 그 결과, 건물 북쪽에는 나뭇가지 마감을, 남쪽에는 노출콘크리트 매스를 넣어 각각 다르게 보임으로써 외부(골프)와 내부의 스포츠 기능이 다름을 알릴 수 있는 디자인이 완성되었다.

Lè Architecture의 달걀 모양은 지식의 인큐베이터이자
지적 부흥의 은유를 의미한다.
지역 맥락과 잘 통합되어 난강 지역의 강인함과
대만 전통 문화의 우아함을 전달하고 있다.

직선으로부터의 탈피

르 아키텍처 Lè Architecture

설계: 아이다스(Aedas)
준공: 2017
위치: 대만 타이페이

템즈강 옆의 런던 시청을 보면 달걀 모양을 하고 있다. 특이한 점은 보는 방향에 따라 그 모양이 다르다는 것이다. 이 시청 건축물은 곡선의 형태를 이루고 있지만 수평적인 곡선으로 이뤄져있고 구조적인 면에서도 안정적으로 보인다.

여기 소개할 르 아키텍처(Lè Architecture)는 대만의 지룽강 근처에 있는 건물이다. 이 건물이 런던 시청과 형태 면에서 다른 점은 마치 반구형의 형태를 가졌다는 것과 원이 수직으로 서있다는 것이다. 내부 구조와 외부 구조가 분리된 모양은 달걀의 일부를 잘라낸 것처럼 보이기도 한다.

반구형의 형태를 가진 런던 시청(London City hall)

기능적인 면에서도 광량 조절용 수직 알루미늄 핀, 내부 온도를 낮추는 녹색 파사드 등 지속가능성에 심혈을 기울였다.

도시에서 건축물의 역할은 아주 중요하다. 건축물이 하나의 조형물로서 역할을 하며, 그 형태가 도시의 문화 또는 국민 정서를 내포하는 것도 가능하기 때문이다. 물론 형태보다 공간 내부의 안락한 기능과 환경이 더 중요하겠지만 건축물의 형태를 구성하는 요소들까지 이를 돕는다면 아주 긍정적이라고 할 수 있다. 르 아키텍처는 작은 것에서 영감을 받은 달걀 모양의 외부 디자인을 사용하여 원형, 강인함 및 우아함의 전통적인 대만 문화를 전달하는 것을 목표로 하고 있다.

르 아키텍처는 국제건축회사 아이다스가 설계한 것이다. 디자인은 지룽강을 따라 흐르는 강의 자갈 모양에서 영감을 받아 원형과 우아함, 강인함과 특성을 전달하는 독특한 미학적 개념을 발전시켰다. 건물의 달걀 모양은 지식의 인큐베이터이자 지적 부흥의 은유를 의미하며, 이는 지역 맥락과 잘 통합되어 빠르게 부상하는 난강 지역의 활성화에 중요한 이정표가 되고 있다. 건물의 높이는 지상 18층이다.

기능적인 요소를 살펴보자. 에너지 수요를 최소화하는 것을 목표로 건물은 열 획득을 줄이기 위해 그늘 역할을 하며 내부 온도를 낮출 수 있는 녹색 파사드 등 몇 가지 지속 가능한 기능을 사용하고 있다. 또한 수직 알루미늄 핀을 사용하여 창문을 통해 들어오는 햇빛의 양을 제어함으로써 자연광이 건물로 들어올 수 있게 하였다. 외부에 심어진 나무는 건물의 공기 필터 역할을 위해 계획된 것이다. 건축물이 갖고 있는 고유의 공간 기능 외에도 도시의 스카이라인을 조정하여 도시환경을 만들어 가는 역할을 맡았다.

이 건축물은 이렇게 지속 가능한 역할뿐 아니라 도시에 긍정적 메시지를 던지면서 건축물 이상의 역할을 하고 있다. 건축물은 내부적으로는 공간을 꾸미지만 외부적으로도 역할을 부여 받는데 이 건축물은 도시를 기억하도록 만드는 역할을 수행하는 셈이다.

캐피털 게이트 건물은
자유롭고 유려한 외관을 가지고 있다.
자유로운 형태는 보기에는 좋지만,
고도의 기술과 비용이 요구된다.
경제력과 기술력 모두가 뒷받침이
되어야만 가능한 건축물인 것이다.

경제력의 과시

캐피털 게이트 빌딩 Capital Gate

설계: RMJM
준공: 2011
위치: 아랍에미리트 아부다비

해체주의의 역사는 다른 양식에 비하여 짧다. 역사적으로 보면 아직 시작 단계이고 실험적인 건축물이 많다. 그러나 이는 다른 양식과 비교했을 경우이고 해체주의 자체만을 보았을 때 해체주의 콘셉트의 건축물은 근대의 짧은 시간 동안 물밀듯이 쏟아져 나왔다.

그 이유는 규칙과 질서라는 틀을 만든 르네상스에 대한 반감으로 매너리즘이 등장한 것처럼 재료의 발달과 구조가 지금까지 시도하지 못했던 건축물 형태를 시도하는 데 자신감을 주었기 때문이다.

여기서 소개하는 캐피털 게이트 빌딩은 해체주의 콘셉트의 건축물이다. 이 건축물의 외관은 자유로운 형태에 그 마무리마저도 손색이 없다. 주 형태인 곡선 유리 면에 흐르는듯한 평면적인 망사를 입힌 것은 무거움과 가벼움의 조화로운 농

담을 보여 준다. 단순한 건물에 비하여 구조뿐만 아니라 작업 자체가 정말 어려웠을 것이다. 이렇게 자유로운 형태는 보기에 좋을지 몰라도 각 부분에 들어가는 재료의 형태가 전부 다르기 때문에 이를 생산하는 것은 공법이나 계산 측면에서 정말 어려운 일이다. 더욱이 금속이 아닌 유리 같은 예민한 재료라면 더 까다로울 것이다. 지금처럼 프로그램이 발달하지 않았다면 완성하기 어려운 건축물이라고 생각한다.

사실 이보다 더 해체주의적인 건축물은 많다. 세상에는 이 책에서 소개하는 것보다 더 많은 건축물이 있고 그중 어느 것이 최고의 건축물이라고 단정짓기는 어렵다.

그러나 캐피털 게이트 빌딩은 기존 해체주의 건축물이 갖지 못한 자신감을 보여 주었기 때문에 이 또한 해체주의 건축물 중 마무리 측면에서 원조라고 생각해 선정하였다.

HYATT

오스트리아의 패션 플레이하우스와 에를 페스티벌 하우스는
하양과 검정, 여름과 겨울, 계절의 색채 변화 속에서 그 존재를 강하게 나타낸다.
형태 또한 곡선과 직선의 대조를 이루고 있으며,
기능적으로도 최적화된 콘서트의 집중된 공간 구성을 보여 준다.

건축에 투영된 폴딩 아트

에를 페스티벌 하우스

Erl Festival House

설계: 델루간 마이슬(Delugan Meissl Associated Architects)
준공: 2012
위치: 오스트리아 에를

건축가의 다양한 형태 시도는 안전을 해치지 않는 선에서 최대한 자유로워지려는 건축가의 의도가 반영된 결과물이다. 사실 구조는 안전과 관계가 있고 안전은 곧 상부에서 전달되는 하중과 관계가 있다. 하중은 위로부터 내려와 기초까지 안전하게 전달되는 것이다. 그래서 많은 건축가들은 기둥을 기울이지 못했고, 평평하게 펴진 지붕에서 자유롭지 못했다. 접힌 벽을 만들지 못했고, 기울어진 엔벨롭 시도를 망설여왔다.

이러한 구속에서 자유를 추구하는 건축가는 때로 의외의 방법에서 아이디어를 얻기도 한다. 바로 1900년대 이후 시도된 폴딩 아트(Folding Art)이다. 일본 고대 미술인 종이접기(Folding Paper)의 가능성을 본 여러 장르의 예술가들은 이를 현대미술의 한 형태로 발전시켰다. 건축에도 이러한 시도가 등장하면서 폴딩 건축이 등장했다. 이는 마치 미래파의 표현이 확대된 것처럼 보이지만 폴딩은 건축 양식의 하나로 이제는 확실하게 자리 잡았다.

여기서 소개한 오스트리아와 독일 국경 사이에 있는 에를 페스티벌 하우스는 이러한 폴딩 건축물의 좋은 사례다. 오스트리아는 여름에 오페라 및 오케스트라 공연장으로 쓰이는 1959년에 지어진 흰색의 패션 플레이하우스(Passion Playhouse)가 있지만 겨울용으로 새로운 페스티벌 홀이 필요했다. 그리하여 2년의 공사 기간을 거쳐 2012년 12월에 새로운 에를 페스티벌 하우스가 문을 열었다. 두 건물은 용도가 다른 만큼 컬러도 다르고 형태 또한 곡선과 직선의 대조를 이루고 있다. 숲이 우거진 풍경에서 강렬하게 돌출된 건물의 처마와 주변 자연 사이의 상호 작용은 기능적으로 최적화된 콘서트의 집중된 공간 구성으로 이어졌다.

여름에 오페라 및 오케스트라 공연장으로 쓰이는 패션 플레이하우스

언뜻 보기에는 강력하고 거세게 보이지만 자연환경과 조화를 이루며 어울린다.

암석을 배경으로 자리 잡은 이 멋진 검은색 페스티벌 홀은 주변 지형에서 그 형태 아이디어를 따왔다. 그래서 주변 숲을 배경으로 보면 날렵한 스텔스 폭격기와 비슷하여 언뜻 보기에는 강력하고 거세게 보이기도 한다. 그러나 자세히 살펴보면 완벽하게 위장된 콘서트 건물이 자연환경과 조화를 이루며 어울리는 것을 알 수 있다. 기존 건축물인 하얀 벽면은 주변의 다양한 컬러에 대비되어 여름 축제 동안 시각적으로 두드러지는 반면, 계절이 변화하면서 겨울이 시작되면 다양하지 않은 주변의 컬러와 대비되며 그 존재를 또한 강하게 나타낸다. 이 두 개의 무채색이 전하는 앙상블의 반전은 여름과 겨울을 통하여 볼 수 있다. 바로 이를 위해 선택된 것이 '폴딩 컨셉'이다. 이 새로운 페스티벌 홀 전체의 폴딩 개념은 일반적인 내부 공간에서도 공간 레이아웃과 복도에 시각적으로 표현되었다. 기능적인 시각으로 보아도 공간에 영향을 주지 않고 그 흐름에 정형적이지만 매력적이며 일관된 건축 레이아웃으로 폴딩 건축이라 부르기에 손색이 없다.

샤프 디자인 센터의 파격적인 시도 저변에는 대지에서 벗어나지 못하는 건축물을 자유롭게 하고자 하는 건축가의 의도가 깔려있다. 건축가 윌리엄 앨런 알솝이 가진 구조에 대한 자신감이 중력을 거스르고 부유하는 형태를 시도한 최초의 건축물로 이어진 것이다.

부유를 표현하다

샤프 디자인 센터

Sharp Center For Design

설계: 알솝 아키텍처(Alsop Architects)
준공: 2004
위치: 캐나다 토론토

형태는 안정감 있어 보여야 하는가? 그렇다면 안정감 있는 형태는 어떤 것인가? 여기서 좋은 예가 피라미드다. 일반적으로 이집트 피라미드를 떠올리는데 사실 피라미드는 전 세계에 퍼져 있는 형태다. 당시 기술로 만들어 낼 수 있던 가장 안정적인 형태이기 때문이다. 이 형태를 살펴보면 밑부분이 넓고 위로 갈수록 작아지면서 누구나 느낄 수 있는 안정감을 준다.

만일 이와 반대의 형태가 있다면 어떨까? 밑이 좁거나 연약해 보이는 하층 부분을 갖고 있다면 역학적인 계산을 하지 않아도 불안감이 느껴질 것이다. 특히 위에서 내려오는 선이 완만하지 않고 각지거나 급경사를 이루면 이 긴장감은 더 심할 것이다. 이러한 형태는 안정적인 형태가 갖추어야 할 형태의 금기를 깬 것이다.

꼭대기부터 아래로 내려올수록 얇아지는 특이한 구조를 보이는 독일 함부르크 아스트라 타워(Astra)
비정형화된 모양과 튀어나온 발코니, 둥근 입면의 특징을 보이는
헤더윅 스튜디오(Heatherwick Studio)의 벤쿠버 고층 빌딩

이러한 파격적인 시도의 저변에는 대지에서 벗어나지 못하는 건축물을 자유롭게 하려는 건축가의 의도가 깔려 있다. 물론 구조에 대한 자신감이 없으면 시도해 볼 수 없는 형태이며, 이를 받아들이는 건축주는 대단한 용기를 내야 할 것이다.

그런데 이러한 의도가 레이트 모던에 들어서 처음으로 시도되었다. 건축가 윌리엄 앨런 알솝(William Allen Alsop)이 캐나다 토론토의 OCAD(Ontario College of Art and Design)대학의 레노베이션 과정에서 샤프 디자인 센터를 공중에 띄우는 시도를 한 것이다. 대지와 닿은 부분을 최소화하려는 시도 끝에 불안감마저 조성하는 가분수적 형태가 나왔다. 중력을 거스르고 부유하는 형태를 시도한 건축물이 만들어진 것이다.

2년에 걸친 이 시도는 대략 이러하다. 먼저 이 학교에서 가장 오래된 메인 캠퍼스 건물 위에 가는 12개의 강철 기둥을 놓고 지상에서 4층 정도 위에 2층 규모의 80m X 30m 박스 공간을 올려 놓았다. 여기에는 강의실, 아트 스튜디오, 교수진 사무실 및 전시 공간이 있다. 기존 건물과 연결하는 엘리베이터와 계단 코어를 설치해 이 공간으로 진입하게 만들었으며, 공중으로 올라가면서 바로 옆 건물의 전망을 유지할 수 있게 하였다. 외관 디자인은 매스 덩어리로 보여 무게감을 줄 수 있기 때문에 정사각형과 직사각형의 픽셀로 가득 채워 전체적인 무게감을 줄이는 효과를 주었다. 이렇게 주변과의 차별화를 둔 이 센터는 토론토에서 가장 눈에 띄는 건축 랜드마크 중 하나로 거듭났다.

구조,
형태를 유지하는 힘

구조는 형태를 유지시켜주는 역할을 한다. 즉 모든 형태는 구조를 갖고 있다. 건축에서 하나의 형태가 만들어졌다는 것은 곧 그 형태를 위한 구조가 형태에 담겨 있다는 것이다.

Denver Art Museum

Busan Cinema Center

Parisian Louvre pyramid

National Museum of Qatar

Lloyd's Building

Emerson College

Salginatobel Bridge

Einstein Tower

Olympiapark München

Heilig Geist Kirche

House of Dior Seoul

Museum fuer kommunikation Frankfurt

구조,
형태를 유지하는 힘

'구조의 미'라는 말이 있다. 구조는 형태를 유지시켜주는 역할을 한다. 즉 모든 형태는 구조를 갖고 있다. 건축에서 하나의 형태가 만들어졌다는 것은 곧 그 형태를 위한 구조가 담겨 있다는 것이다. 육면체의 형태 안에는 그러한 구조가 담겨 있으며 구를 이루는 형태에는 구를 위한 구조가 숨겨져 있다. 형태가 곧 구조다. 구조는 곧 하중의 흐름을 담당하여 하나의 형태를 안전하게 완성하기 위한 뼈대이기도 하다.

기본적으로 구조를 기준으로 했을 때 3가지로 구분할 수 있다. 벽체구조(벽체를 따라 하중이 전달), 골조구조(기둥을 따라 하중이 전달) 그리고 혼합구조(벽체구조와 골조구조의 혼합)이다. 기본적으로 구조는 수직과 수평으로 이뤄진 것이 일반적이다.

우리가 특이한 형태를 갖고 있다고 생각하는 것은 곧 구조가 이 수평과 수직을 벗어났다는 의미이기도 하다. '구조의 미'에서 '미'의 의미는 '인식한다'라는 뜻이다. 이는 인문학적인 단어로 '이해한다.'라는 뜻도 담겨 있다. 모든 작품에는 보이는 것과 보이지 않는 것 두 가지 모습이 있다. 예술작품을 감상하거나 또는 음악을 듣거나 문학작품을 접하는 경우, 그 작품에서 보여 주는 외형적인 모습만 보아서는 정확한 이해를 했다고 볼 수 없다. 즉 그 작품이 갖고 있는 내면적인 내용을 이해해야 한다. 보이는 것은 문장이고 내면적인 것이 곧 이해하는 것이다. 그래서 하나의 작품이 갖고 있는 미를 발견하는 것이 바로 그 작품을 이해하는 것이고 그것이 바로 미를 찾는 것이다. 이는 사람의 겉모습이 아니고 그 사람의 내면으로 서로 소통하는 것과 같다.

과거 획일적인 형태의 건축물이 주를 이루다가 수직과 수평을 벗어난 작품들이 등장한다. 이를 큰 범주에 넣는다면 '해체주의'라 부를 수 있다. 해체주의는 획일적인 형태에 익숙해진 우리의 고정관념을 해체했다는 뜻일 뿐이며, 모든 시대에 해체주의는 존재했다.

고딕은 그 이전의 형태를 해체한 것이고, 르네상스를 해체한 것은 매너리즘이며, 클래식을 해체한 것은 모던이다. 모던이 시작하는 시기에 건축가보다 구조가(엔지니어)들이 더 각광을 받은 이유가 바로 새로운 형태를 위한 구조가 절실했기 때문이다. 모던 이전에는 석재와 목재가 주를 이룬 반면 모던 이후에는 철재와 유리가 새로운 건축재료로 등장하면서 이에 대한 구조적인 이해가 요구되었다. 이제 시간이 흘러 구조에 대한 자신감이 붙으면서 새로운 형태가 등장한다. 형태에 구조가 담겨져 있어야 하는 것이 사실이지만, 다양한 형태를 통한 시도가 곧 다양한 상상력을 불러올 수 있다는 보다 궁극적인 목표가 여기에 담겨 있다. 이로 인해 퐁피드 센터 또는 홍콩의 차이나 뱅크처럼 형태에 담겨진 구조가 이제는 형태 자체로 등장하는 하이테크 건축물도 등장하고 있다. 구조가 곧 형태이고, 형태가 곧 구조인 것이다.

메타버스, 가상 현상의 제시

덴버 아트 박물관

Denver Art Museum

설계: 다니엘 리베스킨트(Daniel Libeskind)
준공: 2006
위치: 미국 콜로라도

지구상에 있는 모든 물체는 중력에 의해 수직으로 낙하하고 닿는 부분과 평행하게 놓인다. 이 법칙이 건축에도 적용되어 대부분의 형태는 수직과 수평의 요소를 가지고 있다. 수직과 수평이 우리에게 안정된 형태로 보이는 이유이다. 그러나 이러한 개념을 적용하지 않는 경우도 있다. 수직과 수평의 중간 단계인 대각선 형태다. 어떤 경우에 수직과 수평을 만들지 않고 대각선 형태를 보여 주는가? 바로 중력과 무게가 무시되는 경우다. 중력과 무게가 없다는 것은 공중에 떠다니는 부유와도 같은 개념이며, 이는 지구에서 있을 수 없는 가상현실을 의미한다.

덴버 아트 박물관은 '부유'의 이미지를 명확하게 보여 준다.
전체적인 형태, 특히 허공으로 사라지는 뾰족한 모서리는
종합적인 형태가 중력이 아닌 무중력을 강렬하게 나타내고 있다.
가상의 메타버스를 실재의 형태로 빚어낸 것이다.

캐나다 토론토의 로열 온타리오 박물관(Royal Ontario Museum)

이것은 확대된 메타버스(Metaverse, Meta + Universe)와도 같다. 21세기 메타버스의 키워드로는 극사실화(Hyper realistic)와 실감화(Immersive), 가상 인간(Meta Human), 가상 공간(Meta Space), 가상 사물(Meta Things)이 있다. 이 중 리베스킨트는 자신의 작품을 통하여 가상 현상(Meta phenomenon)을 우리에게 제시한다. 위의 건축물들은 리베스킨트가 설계한 작품들이다. 그가 등장하기 전까지 이 형태들은 일반화된 것이 아니었다. 그래서 비평가들은 그의 작품을 보고 "건축 불가능하거나 지나치게 독단적"이라고 평가하기도 했다.

독일 베를린의 유대인 박물관(The Jewish Museum)

그런 그의 건축물 중에서도 '부유'의 이미지를 아주 강렬하고 명확하게 보여준 작품이 바로 덴버 아트 박물관이다. 이 건축물의 전체적인 형태, 창문의 프레임, 특히 허공으로 사라지는 뾰족한 모서리는 중력이 아닌 무중력을 강렬하게 나타내고 있다.

리베스킨트의 건축물이 비평가들에게 혹평을 들을 만큼 대각선이 주를 이루게 된 배경에는 그가 어릴적부터 조예가 깊었던 음악적 소양이 영향을 주지 않았나 싶다. 초기에 혹평을 받은 것에 비해 오늘날 그의 설계 사무실은 전 세계에서 40개 이상의 프로젝트를 수행하고 있다. 그의 의도와 이미지가 현대인들에게 얼마나 강한 영향을 주었는지 엿볼 수 있는 대목이다.

레이트 모던이 추구하는 아름다움

부산 영화의 전당

Busan Cinema Center

설계: 쿱 힘멜블라우(Coop Himmelblau)
준공: 2011
위치: 대한민국 부산

모던의 시작은 산업혁명이다. 특히 철과 유리의 대량 생산은 새로운 시도와 형태를 가능하게 만들었다. 근대 이전에 보여줬던 순수한 형태, 즉 삼각형, 사각형 그리고 원과 같은 안정된 건축 형태에서 볼 수 없었던 다양한 형태가 등장하면서 구조에 대한 자신감이 근대 건축에서 점차 나타나기 시작한 것이다.

부산 영화의 전당의 불균형적인 외관은 사람들에게
기이하고 불안하게 다가온다. 하지만 외관이 주는 불안감은
쿱 힘멜브라우가 의도한 눈속임으로
어떤 구조로도 건축 형태를 시도할 수 있으며
안정적인 형태만 있지 않다는 레이트 모던의 메시지이다.

구조에 자신감을 얻은 근대 건축가들은 이후 더 과감한 건축 형태를 시도하게 된다. 정형적인 틀에서 벗어나 뒤집어도 보고 가분수적 형태를 시도해 보기도 하면서 다양한 형태를 통해 안정적인 클래식 형태를 변주했다. 이것이 바로 후기 근대 건축에서 보여지는 형태다. 그래서 이를 레이트 모던(Late Modern)이라 부른다. 사진처럼 어떤 구조로도 건축 형태를 시도할 수 있다는 것을 제시하지만 모두 미적인 것은 아니었다.

부산 영화의 전당은 레이트 모던의 최고 건축물로 2005년 국제 지명 현상 설계 공모 당시 세계 유수의 건축가들이 참여하였으며, 그중에서 오스트리아 쿱 힘멜브라우의 디자인이 선정되었다. 이 건축물은 쿱 힘멜브라우가 기본 설계를, 희림건축이 실시 설계를 하였고 한진중공업이 시공했다. 두레(함께 모여)와 라움(즐거움)을 조합해 '함께 모여 영화를 즐기는 자리'라는 의미인 두레라움(Dureraum)이라는 애칭으로 부르기도 한다.

부산 영화의 전당을 보면 일반적인 다른 건축물과는 분명하게 다른 점이 있다. 그것은 불균형적인 형태다. 안정적인 형태(하부가 무겁고 상부가 가볍게 보이는 형태)에 익숙한 사람들에게는 형태의 기이함보다는 불안감이 더 클 수 있는 모양이다. 하지만 이것이 레이트 모던이 추구하는 것이다. 영화의 전당 건축물 상부가 만일 꽉 찬 덩어리라면 구조적으로 불안할 수도 있다. 그러나 하부에서 잡아주고 상부는 텅 빈 트러스 구조의 판으로 마감을 했다. 특히 상부의 형태가 일정하지 않고 사면이 불규칙한 형태는 구조적인 불안감을 더 증가시킨다. 그러나 이는 건축가의 속임수이며 건축물에 안정적인 형태만 있지 않다는 레이트 모던의 메시지이기도 하다.

미국 뉴욕의 브루탈리스트 스타일 건축물 베그리쉬 홀(Begrisch Hall)
미국 뉴욕의 브롱스 커뮤니티 대학(NYU)

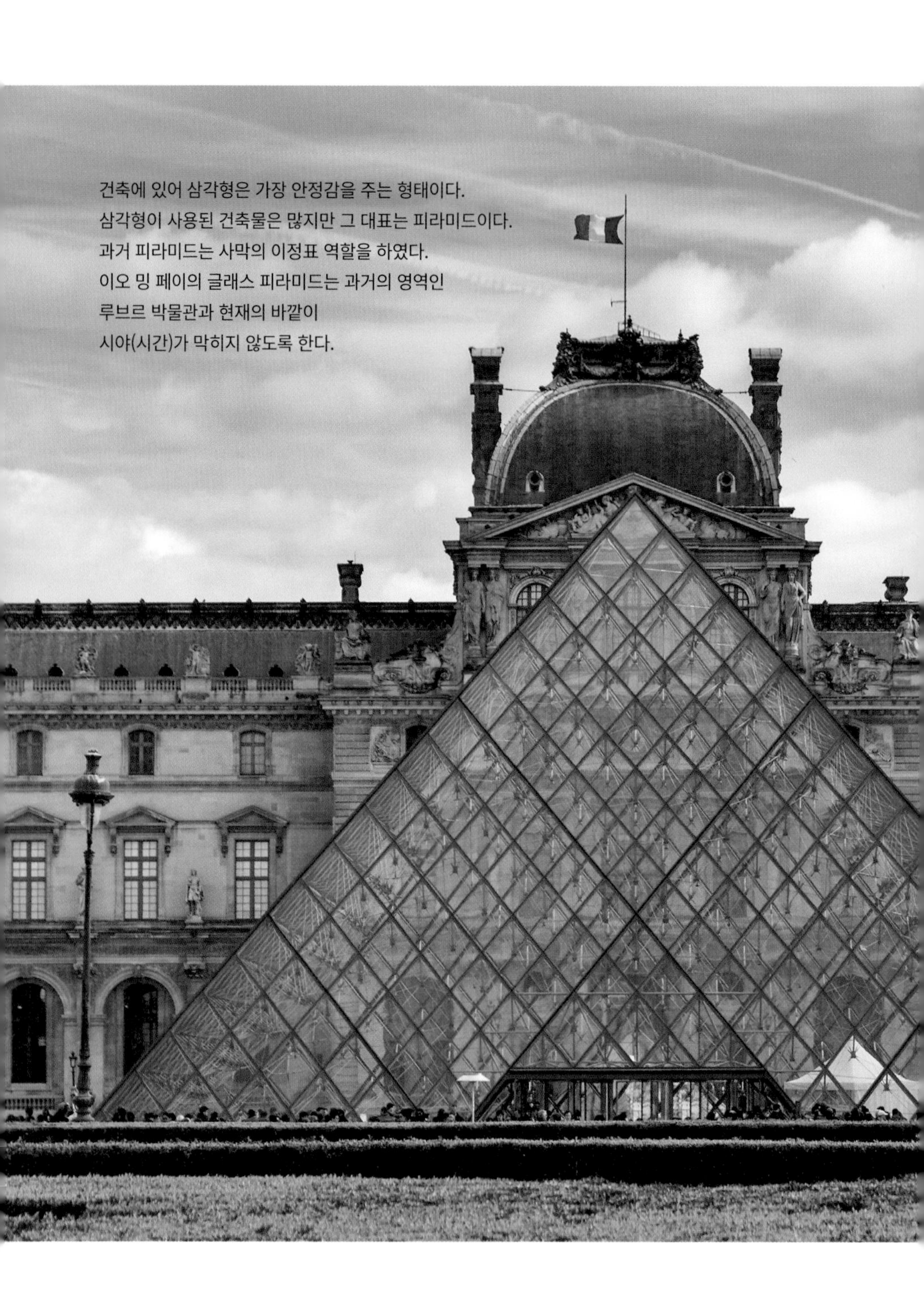

건축에 있어 삼각형은 가장 안정감을 주는 형태이다.
삼각형이 사용된 건축물은 많지만 그 대표는 피라미드이다.
과거 피라미드는 사막의 이정표 역할을 하였다.
이오 밍 페이의 글래스 피라미드는 과거의 영역인
루브르 박물관과 현재의 바깥이
시야(시간)가 막히지 않도록 한다.

삼각형의 응용

루브르 피라미드

Parisian Louvre pyramid

설계: 이오 밍 페이(Ieoh Ming Pei)
준공: 1989
위치: 프랑스 파리

삼각형은 이집트 피라미드에 등장하는 형태로 도형 중 가장 안전한 형태다. 중국계 미국인 이오 밍 페이는 삼각형을 주 모티브로 하는 건축가로, 어느 건축가보다 삼각형을 자신의 건축물에 많이 응용하였다.

물론 삼각형을 다룬 건축가는 많다. 샌프란시스코 시내에 우뚝 솟은 삼각형 건물은 미국 건축가 윌리엄 페레이라(William Pereira)의 작품이며 영국 템즈강 옆에 새로운 랜드마크로 등장한 삼각형 건축물 더 샤드(The Shard)는 파리 퐁피드 센터를 설계한 이탈리아 건축가 렌조 피아노(Renzo Piano)의 작품이기도 하다. 그러나 이들은 다른 스타일을 갖고 있으며, 이오 밍 페이처럼 삼각형을 형태의 주된 요소로 다루지는 않는다.

1981년부터 집권한 프랑스 미테랑 대통령의 업적 중 하나는 바로 문화정책이다. 그는 파리 근교 신도시 라데팡스 등 다양한 사업을 하였는데 그 결과물 중 하나가 바로 이 유리 피라미드다. 루브르 박물관에 소장하고 있는 보물들은 프랑스의 옛 영광을 상징한다. 그리고 글래스 피라미드는 프랑스의 옛 영광을 상징하기에 충분하다.

이오 밍 페이의 작품 중 루브르 박물관 입구로 쓰이는 글래스 피라미드는 삼각형이 사용된 건축물 중 최고의 걸작이라 할 수 있다. 이오 밍 페이는 루브르 박물관의 입구, 그 영광의 아이콘으로 자신의 스타일을 살려 삼각형을 선택했다.

모티브는 세상에서 가장 큰 왕의 무덤, 이집트 피라미드다. 사막에서 길을 잃다 피라미드를 찾으면 이집트 사람들은 피라미드의 동쪽에 나일강이 있고 그 건너에 마을이 있음을 안다. 그래서 피라미드는 사막의 오아시스이고 이정표 역할을 했다. 이러한 개념을 이오 밍 페이는 사막과 같은 현대로 갖고 온 것이다. 이집트 피라미드는 석재로 시야가 차단되어 있지만, 루브르 박물관 입구는 유리로 되어 시야가 열려 있다. 이는 과거의 영역인 루브르 박물관과 현재의 바깥 사이에 시야(시간)가 막히지 않도록 하기 위함이다.

즉, 루브르 피라미드는 자신의 작품이 메마른 현대에서 사막의 오아시스이자 이정표로 기능하기를 바라는 이오 밍 페이의 소망이 담겨 있는 건축물이다.

미국 캘리포니아의
트랜스아메리카 피라미드
(Transamerica Pyramid)

홍콩의 중국은행타워
(HK Bank of China Tower)

첨단 기술이 만든 사막의 장미

카타르 국립박물관

National Museum of Qatar

설계: 장 누벨(Jean Nouvel)
준공: 2016
위치: 카타르 도하

어떤 조형물을 상상하게 하는 형태를 조소적 형태라 부른다. 이러한 조소적 형태를 잘 다루는 건축가가 바로 프랑스의 대표적인 건축가 장 누벨(Jean Nouvel)이다. 미술에 관심이 많았던 그는 건축을 공부하면서 건축물에 하나의 조형물이나 색채에 대한 미적 요소를 추가하였다. 형태가 주는 다양한 시점을 가능한 배제하고 하나의 포인트를 살려서 오히려 개체 자체만을 부각시키는 것이 그의 콘셉트다.

카타르 국립박물관은 조소적 형태의 대가
장 누벨의 대표적인 건축물이다.
사막의 장미를 연상시키는 형태의 구현에는
엄청난 기술적 문제가 따랐지만,
철저한 설계와 최첨단 시공 기술로 이를 극복해냈다.

그가 스페인에 지은 '총알 빌딩'이라는 별명을 가진 건축물은 오이를 연상시킨다. 거킨이라 부르는 런던의 건물과 유사하게 만들었는데 이 건물은 하루에 40가지 색을 바꾼다.

그리고 장 누벨을 유명하게 만든 파리의 아랍문화원은 아랍의 전통 건축에 사용되는 환기 시스템인 무차라비에 디자인을 사용하여 조도에 맞게 자동으로 창문이 개폐되도록 하였다. 그는 아이디어를 본질의 형태에서 갖고 오는 것으로도 유명한데, 2016년에 완성한 카타르 국립박물관은 이를 정확하게 보여 준다. 아래 사진은 사막에서 나오는 일명 '장미석'으로 모래가 뭉쳐지고 커지면서 장미 송이를 형성하는데 카타르 국립박물관도 이 형태에서 모티프를 가져 왔다.

그의 작품이 주는 이미지는 아주 강렬하다. 그 이유는 포인트를 잡아 이를 단순하게 표현하기 때문이다. 이 박물관 건축물을 살펴보면 모래색 콘크리트 디스크는 엄청난 충돌이 일어난 것 같은 구불구불한 지붕으로 설계되었다. 무려 1마일에 달하는 이 지붕은 스타워즈 세계관의 타투인 행성에 착륙한 것 같은 느낌을 준다.

사막 모래 속에서 규석들이 수십, 수백년 동안 뭉쳐 자연적으로 만들어진다.

영국 런던의 30 세인트 메리 액스(30 St Mary Axe) 거킨 빌딩(The Gherkin)

프랑스 파리의 아랍세계연구소(Institut du Monde Arabe)

이 건축물의 모래색 디스크는 금방이라도 충돌이 일어날 것처럼 보인다.
포인트를 잡아 단순하게 표현한 것으로 건축물이 주는 이미지는 더욱 강렬해진다.

건물은 매우 에너지 효율적으로 설계되었다. 곡선 디스크는 일종의 자외선 차단제 역할을 하는데, 햇빛에 대하여 단계적인 장벽을 형성하고 있다. 태양이 동쪽이나 서쪽에서 건물을 비추면 디스크가 긴 보호 그림자를 만들면서 내부를 보호하는 것이다. 건물에는 개구부가 많지 않고 몇 개의 창문이 있어 태양과 거리감을 두고 공간을 보호한다. 결과적으로 내부 공간은 보다 경제적인 상황에서 에어컨이 가동될 수 있도록 설계된 것이다.

건물의 외피는 사막의 색과 유사한 색으로 건물 내외부가 동일한 베이지색 모래를 사용하는 고성능 유리 섬유 강화 콘크리트로 되어 있다. 다양한 형태 중 장 누벨이 장미석을 형태의 출발점으로 삼는 것은 유토피아적이면서도 매우 진보적인 아이디어라 생각된다. 거대한 형태로 안쪽까지 휘어진 원반이 교차되고 350m 길이의 건물에서 사막의 장미를 연상시키는 모든 요소가 나타나야 하는 엄청난 기술적 문제를 해결해야 하기 때문이다. 이러한 건물의 설계는 장 누벨이라 가능했다. 시공에서도 최첨단 기술을 요구하는 이 건물은 한국의 현대 건설이 훌륭하게 마무리 지었다.

최고의 기술을 자랑하다

로이드 빌딩 Lloyd's Building

설계: 리처드 로저스(Richard Rogers & Partners)
준공: 1986
위치: 영국 런던

대부분의 건축물은 설비 시설을 어딘가에 숨기고 공간 그 자체만으로 존재하도록 설계된다. 그러나 설비나 구조물이 벽체 외부로 드러난 형태도 있다. 바로 골격적 형태이다. 이러한 형태는 일반적이지 않다. 내부 시설이 노출되었다는 것은 안전과 건축물의 기능에 문제가 생길 수 있음을 뜻하기 때문이다. 그래서 이렇게 골격적인 형태를 만드는 데에는 고도의 기술이 필요하다. 이러한 건축물을 하이테크(Hightech) 빌딩이라 부른다.

하이테크 건축물의 특징은 구조의 아름다움이다.
로이드 빌딩은 내부 설비의 노출로 형태적인 미와
내부 공간의 아름다움을 모두 만족시킨 작품이다.

노란색 페인트가 칠해진 프레임과 텐트와 같이 생긴 거대한 구조물로 만들어진
영국 스윈던에 위치한 노르만 포스터의 르노 유통 센터(Renault Distribution Centre)

건축물은 위에서 내려오는 하중을 기초까지 안전하게 전달해 주는 구조를 갖고 있다. 그러나 이 하중은 우리의 눈에 보이지 않고 구조체를 따라 전달되는 것이다. 골격적 형태는 설비를 외부로 노출(퐁피드 센터)하기도 하지만 바로 이 하중의 흐름을 시각적으로 보여 주기도 한다. 위의 사진들은 살은 없고 뼈대만 있어 그 뼈대로만 지탱하는 이미지를 보여 준다.

하중이 기초까지 가려면 두 개의 요소가 필요한데 그것은 벽과 기둥이다. 벽은 공간을 물리적으로 명확하게 구분하지만 기둥은 공간을 추상적으로 나눈다. 그러나 어느 쪽도 하중을 기초까지 전달하는 데 문제가 없다.

프랑스 파리 제4구에 위치한 복합문화센터인 퐁피두센터(Centre Pompidou)

하이테크 건축가들은 명확한 공간 구성보다는 구조가 갖고 있는 하중 흐름에 더 관심이 있기 때문에 기둥을 매우 중요시했다. 이는 하이테크한 건축물에 구조의 미를 안겨다 주었다.

런던에 있는 리차드 로저스의 로이드 빌딩은 이런 하이테크 건축물의 특징인 형태적인 미와 구조의 미를 잘 나타낸 건축물이다. 이 건물은 서비스 파이프를 모두 외부로 내보내 유지보수비가 많이 드는 단점이 있지만 내부 공간을 깔끔하게 유지하는 데 혁신적인 해결책을 제시하였다.

Gordon St

정형화에 반문하다

에머슨 대학 Emerson College

설계: 모포시스(Morphosis)
준공: 2014
위치: 미국 캘리포니아

사람들은 자신의 기준에 맞지 않으면 혹평하곤 한다. 그럴 때 모포시스의 건축물을 보면 이런 다양한 건축물이 있다는 것이 얼마나 좋은가 하는 생각이 든다. 또한 그의 작품들은 건축 설계를 하는 사람들에게 자신이 얼마나 규격화되어 있는지 경종을 울린다.

톰 메인이 주축이 된 그의 회사 모포시스 건축 사무실은 분명 뜻이 맞는 건축가들로 구성이 됐을 것이다. 이 회사에서 나온 건축물들이 모두 일관된 특성을 보이고 있기 때문이다.

에머슨 대학 건물은 정형적인 틀 안에
부정형의 알맹이를 품고 있다.
규격화된 대학의 시스템에 다양한 젊은이들이 모여
하나의 이론을 창조하는 이미지의 표현이다.

모포시스는 네오 모더니즘적인 성격에 강한 해체주의를 보여 주는 반항아적 성질이 있다. 그의 작품은 구성도, 재료도, 일관성도 그리고 흐름도 없다. 단지 보는 이를 긴장시키는 그의 작품만 있을 뿐이다. 건축물 안의 공간은 사용할 수 있게 해 준 것이 그나마 다행일 정도이며, 이러한 설계를 허락한 건축주의 인내가 엿보인다.

이 회사의 주택을 보면 그들이 자신들의 작품에 얼마나 많은 자부심을 갖고 있는지 알 수 있다. 외부뿐 아니라 내부 또한 자유로운 구성과 재료들로 가득하다. 모포시스의 작품 중 최고로 선정한 에머슨 컬리지는 정과 부의 조화가 잘 표현된 것으로 그들의 오랜 작업이 만든 결정체다. 이 건축물을 보면 별로 할 말이 없다. 너무도 당연하면서도 당연하지 않기 때문이다. 우리의 신체를 바깥에서 보면 좌우 대칭에 앞뒤 그리고 위아래가 명확하다. 그러나 신체의 내부는 그렇지 않다. 좌우 대칭도 아니고 다양한 기능들이 모여 제각기 할 일을 하고 있다.

모포시스의 건축물은 마치 우리의 신체 내부를 말하는 것 같다. 명절 후에 남은 여러가지 나물을 섞어 만든 비빔밥처럼 명확한 이름이 없는 냄비에 담긴, 그저 비빈 밥과도 같다. 그러나 맛있다. 그의 건축물은 부정합을 보여 준 것이다. 에머슨 컬리지의 건축물은 정형적인 틀 안에 소묘법과 같은 표현을 한 부정형의 알맹이를 품고 있다. 이는 곧 규격화된 대학의 시스템에 다양한 젊은이들이 모이듯 부정확한 사고들이 모여 하나의 이론을 만들어 내는 이미지다.

정형화된 형태에 익숙해진 사람들에게는 불편한 이미지일 수 있지만 그는 이 형태를 통하여 또 “왜 모두 정형화 되어야 하는가? 기능만 하면 되지 않는가?”라고 우리에게 묻는 것 같다.

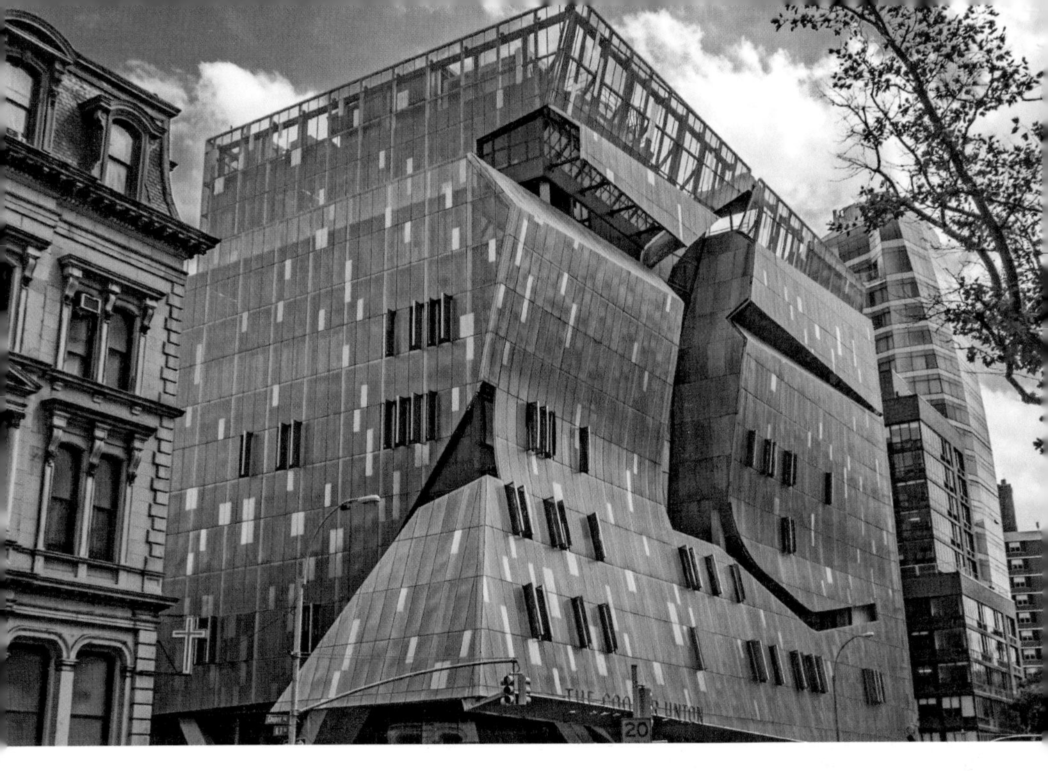

매력적이면서 독특한 외관뿐만 아니라 에너지 효율성으로
기후변화 위기 시대 각광받는 미국 뉴욕의 친환경 건축물 41 쿠퍼 스퀘어(41 Cooper Square)

솔리드적인 외부의 테두리는 마치 신체의 피부와 같고, 그 안에 보이드적인 내장이 흘러내리는 듯한 파격적인 형태는 충분히 기억되는 건축물로 그 존재감을 드러낸다. 그에게 X/Y 좌표는 없다. 상반된 것의 조합이 이 건축물이 갖고 있는 특징이다. 용산 재개발 계획에 리베스킨트와 함께 그의 작품도 출품되었는데 이를 못 보게 된 것이 아쉬울 따름이다.

살지나토벨 다리는 경제적이면서도 기능적인 형태로
전 세계가 갖고 있던 기술적 문제를 순식간에 해결한 위대한 업적이다.
그리고 형태적인 아름다움뿐 아니라
기술적인 미도 들어 있다는 점에서 최고의 건축물이라 할 수 있다.

재료의 한계를 극복한 기술의 미

살지나토벨 다리 Salginatobel Bridge

설계: 로베르 마야르(Robert Maillart)
준공: 1929
위치: 스위스 프레티가우

역사 속에 남은 명품들을 이야기할 때, 한순간에 지금의 결과를 만들어 냈다고 말할 수는 없다. 흐르는 시간 속에서 많은 요소들이 징검다리처럼 역할을 하며 지금에 이른 것이다. 이번에 소개할 로베르 마야르의 교량 형태는 로마의 영향을 받았지만 전 세계가 갖고 있던 기술적 문제를 순식간에 해결한 위대한 업적이다.

로베르 마야르를 한마디로 표현하면 철근 콘크리트 사용을 통해 미학과 공학에 극적인 변화를 주었고 건축가와 엔지니어에게 큰 영향을 준 사람이다. 하지만 그는 놀랍게도 건축가가 아닌 스위스의 토목기사였다. 1900년대 이전의 전통적인 방법은 수학을 활용해 분석할 수 있는 모양을 사용하는 것이었다. 이러한 방법은 1900년대 중반까지 이어졌고 이에 짜증을 느꼈던 그는 상식을 사용하여 성과를 예측하는 방법을 사용하였다.

아름답다는 의미와 미(美)의 의미가 혼동해서 쓰일 수도 있는데 사실은 차이가 있다. 아름답다는 것은 외형에서 오는 이미지이고 미는 내적인 의미를 포함해서 써야 타당하다. 기디온은 우리가 지각하지 못하는 많은 미적인 것을 그의 책 『공간, 시간, 건축』에서 제시했다. 특히 로베르 마야르에 관하여 24페이지라는 많은 양을 할애한 것만 보아도 그의 교량이 갖고 있는 미의 범위가 얼마나 넓은지 엿볼 수 있다.

하나의 작품을 평가하는 데 기준이 있다. 그 기준은 하나가 아니고 다양하다. 그러나 기준이 다양해도 이해할 수 있는 분명한 기준이 있어야 한다. 예를 들어 로마의 교각은 당시의 기술과 역사적 배경을 염두에 두고 평가해야 한다.

그렇다면 로베르 마야르의 교각이 갖는 미의 의미는 무엇일까? 이 교각에는 오랜 역사와 멋진 기술이 숨어 있다. 이를 인식하려면 먼저 다음의 사진을 보면 쉽게 비교할 수 있다. 옆의 사진은 로마시대의 교량이다. 당시의 기술로서는 최고의 수준이었다. 그래서 이 다리의 가치는 영원한 것이다. 이러한 작품은 시대가 지나도 그 가치와 품위를 전혀 잃지 않고 우리에게 미를 전달해 준다. 그러나 시대가 변하면서 사람들은 더 발전적인 것을 원하게 되어 있다. 더 발전적이라는 것은 곧 그 시대에 부응해야 하며 교훈적인 내용을 담아서 미래지향적인 방향을 담고 있어야 한다. 바로 로베르 마야르의 교각처럼 말이다.

당시 판단력이 부족한 심사위원이나 고지식한 비평가들은 잘못된 미적 인식으로 인해 그의 잠재성을 초기에 인식하지 못했다고 기디온은 평했다. 로베르 마야르는 보가 없는 바닥판을 선보이며, 경제적이면서도 기능적인 형태를 시도함으로써 콘크리트가 갖고 있는 한계를 극복하였다. 여

로마 시대에는 각종 사회 기반 시설과 더불어 많은 교량이 건설되었다.
그 중 프랑스 남부 위제스(Uzes) 부근에 있는 가르교(Pont du Gard)가 대표적이다.

기에는 형태적인 아름다움뿐 아니라 기술적인 미도 들어 있다.

로베르 마야르의 이러한 용기는 훗날 많은 건축물에 영향을 주었다. 로베르 마야르 이전에는 콘크리트를 거대한 덩어리로만 사용하였고 나무와 강철을 사용하여 모델링한 반면, 그는 콘크리트를 철망으로 보강했다는 점에서 혁명적이었다. 콘크리트는 압축 상황에서 매우 우수하기 때문에 크고 움직이지 않는 흙덩어리를 지탱하는 완벽한 재료였다. 그의 다리는 지금도 많은 계곡을 아름답게 꾸미고 있다.

표현주의 곡선의 완성

아인슈타인 탑 Einstein Tower

설계: 에리히 멘델손(Eric Mendelsohn)
준공: 1921
위치: 독일 브란덴부르크

멘델손은 표현주의 건축에 늘 등장하는 건축가다. 표현주의는 산업혁명으로 물질 만능주의에 빠지는 상황에서 인간의 심성을 표현하고자 등장했다. 이러한 표현주의 건축에는 4가지 특징이 있는데 고딕 건축 형태(인간의 정신을 정화하는 공간), 결정체(다이아몬드), 조소적 형태, 조적조를 들 수 있다. 그리고 여기에 하나를 더 추가한다면 공간과 형태의 유기적 역동성이다.

멘델손의 등장 이후 곡선은 유행처럼
번져 곡선을 형태에 추가하는 건축물이 많아졌다.
그의 작품 중에서도 대표로 꼽을 수 있는 아인슈타인 탑은
표현주의와 유선형 곡선을 같이 보여 주고 있는 건축물이다.

독일 루켄발데의 모자공장
독일 베를린의 모세하우스(Mossehaus) / 독일 켐니츠의 쇼켄 백화점(Kaufhaus Schocken)

첫 번째 사진은 멘델손이 1919년에 두 번째로 만든 모자공장으로 모자가 연상되는 형태이다. 초기 건축물에서 이러한 형태적 이미지를 보여 그를 표현주의 건축가로 여기는 경우가 있다. 하지만 멘델손은 사실 아트 앤 데코에 가깝다. 아트 앤 데코는 미국에서 먼저 시작되었다. 기능주의에 빠진 모던 건축물이 한창이던 시절 부를 상징하는 과정 속에서 건축물에 장식으로 데코레이션을 하며 등장한 것이 아트 앤 데코 양식이다.

그러나 멘델손에 대해 좀 더 알아보면 아트 앤 데코가 보여 주는 장식과는 다소 차이가 있다. 그는 곡선을 건축물에 적용하기 시작하여 이 곡선이 여러 산업에 쓰도록 한 건축가로, '곡선의 원조'라 할 수 있다. 하단 좌측 사진은 1921년 멘델손이 베를린에 설계한 주거용 건축물로 '모세 하우스'라 부른다. 모퉁이에 곡선이 들어가 있는데 이는 당시에 흔치 않은 표현으로 하단 우측 사진에서는 그 곡선이 극렬하게 나타난 것을 볼 수 있다. 멘델손의 이러한 곡선은 이후 유행처럼 번져 형태에 곡선을 추가하는 건축물이 많아졌다.

멘델손의 작품 중 아인슈타인 탑을 최고로 선택한 이유는 이 건축물에 표현주의와 유선형 곡선을 함께 보여 주고 있기 때문이다. 멘델손은 당시 천체 물리학자 프로인들리히와 친했다. 프로인들리히는 아인슈타인의 상대성 이론을 실험하고자 천문대의 필요성을 느꼈고 이를 건설할 기회를 멘델손이 갖게 된 것이다.

그래서 그는 이 건축물을 통해서 모든 건축물이 직선으로 각진 모서리를 갖을 필요는 없다는 것을 알리려 했다. 아인슈타인 탑은 상징적인 건축물이지만 멘델손에게는 그의 콘셉트를 알리고 그의 의도를 가장 잘 보여 주는 건축물이다.

프라이 오토는 구조에 대한 연구 외에도 친환경적 건축을 위한 재료 연구에도 매진했다.
그는 비눗방울이 만드는 경계면이 가장 작은 면적이면서 실용적이라는 결과를 얻게 되었다.
이런 연구 결과는 그에게 프리츠커 상을 수상하게 한 뮌헨 올림픽공원 건축으로 이어졌다.

실용성과 독창성의 충족

뮌헨 올림픽 공원

Olympiapark München

설계: 프라이 오토(Frei Otto)
준공: 1972
위치: 독일 뮌헨

일반적으로 건축 형태는 수직과 수평으로 시작된다. 물론 선사시대의 막집 같은 경우는 구조가 있다기보다는 최소한의 공간 설치를 위한 행위로써 지금의 건축물과는 많이 달랐다. 건축 기술이 발달하면서 공간 창조 행위로 엔벨롭(바닥, 벽, 지붕)은 수직과 수평의 형태 속에서 발달한 것이다. 이 형태 요소들은 오랜 역사 속에서 유지되었고 여기에 장식적인 부분이 첨가되었을 뿐 그 고유의 형태는 크게 달라지지 않았다.

이렇게 대부분의 형태가 재료의 발달과 함께 지속되었으나 이것이 건축 형태의 전부라고 여기지 않는 건축가도 있었다. 바로 독일의 건축가 프라이 오토다. 막 구조의 대가인 그는 2차 대전 당시 비행기 조종사로 활약하다 독일 뉘른베르크에서 전쟁포로로 잡힌 후 프랑스 샤르트르 수용소에서 2년간 생활하였다. 당시 그는 수용소의 특성상 가장 적은 재료, 적은 돈을 들여 막사를 지어야 했으며 수용소 사람들을 위한 자연친화적 건축을 고민하던 중 막 구조에 관심을 갖게 된다. 설치와 철거가 간편한 구조를 연구하던 그는 경량이면서 경제적인 구조를 연구하게 되었고 여기에 친환경적 건축을 위해 재료에 대한 연구도 시작했다. "나의 건축은 생존하는 건축이다." 이러한 그의 모토는 막 구조라는 독창적인 스타일로 발전하였다. 당시는 막 구조라는 용어보다는 텐트가 더 일상화되어 그는 텐트 건축가로 불리기도 했다.

그는 자연에서 이러한 아이디어를 얻고자 비눗방울을 이용해 실험하였으며 비눗방울이 만드는 경계면이 가장 작은 면적이면서 실용적이라는 결과를 얻게 되었다. 이를 토대로 등장한 막 구조 건축물로는 만하임 다목적홀(1975), 투웨이크 궁전(1986), 빌크한 텐트형 공장(1988) 등이 있다. 이 중 투웨이크 궁전은 사우디 리야드에 있는 건물로 국제 사회에 사우디 예술과 관습을 소개하고 정부 기능, 국가 리셉션 및 문화 축제를 개최하는 곳이다. 오토의 막 구조 중 가장 최고는 1972년 독일 뮌헨 올림픽공원에 지은 건축물이다. 그는 다른 건축가와 차별화된 구조를 우리에게 선보이면서 2015년 건축의 최고상인 프리츠커 상을 수상하게 된다. 이러한 오토의 막 구조는 현재 독일 건축가 마흐무드 보도 라쉬가 잘 계승하고 있다.

경량이면서 경제적인 구조, 설치와 철거가 간편한 구조에 대한 연구는
막 구조라는 독창적인 건축물로 이어졌다.

성령 교회에는 로마 때부터
이어진 직선과 곡선의 구분이 잘 드러난다.
직선은 인간의 형태이며,
곡선은 신의 형태라는 의미를
장소의 성격에 맞도록 적절하게 적용한 작품이다.

기능미의 종합예술

성령 교회 Heilig Geist Kirche

설계: 알바르 알토(Alvar Aalto)
준공: 1961
위치: 독일 볼프스부르크

모던의 모토는 탈 장식이다. 모던이 시작되면서 과거에 비해 다양한 양식이 쏟아져 나왔는데, 그중 하나가 아르누보 양식이다. 아르누보 건축가들은 과거의 직선 형태를 생동감 없는 표현으로 여겼고, 자연의 생생한 곡선을 가져 왔다. 그러나 당시의 곡선은 구조적인 표현에는 이르지 못했다.

그러다 등장한 건축가가 바로 알바르 알토이다. 그는 목재로 곡선을 사용하는 것에 특허를 갖고 있을 만큼 이 분야에 탁월했으며, 그가 만든 곡선형 의자는 현재까지도 사용되고 있다. 그는 가구뿐 아니라 건축에도 이러한 곡선을 사용하기 시작했다. 그의 공간을 채우는 방식이 낯설게 느껴질 수 있는데, 과거에는 건축가가 공간에 필요한 가구뿐 아니라 벽화 등 모든 것을 작업했다.

금속보다 나무를 주 재료로 선택하여 심리적 안정감과 자연환경을 고려했으며
직선이 거의 없는 자유로운 곡면 형태를 주로 사용한 파이미오 암체어(Paimio arm chair)

성령 교회는 세 개의 건물로 구성된 교회로 흰색으로 칠해진 세 개의 건물은 각 공간이 긴밀하게 연결되어 있다. 교회의 가장 눈에 띄는 특징은 제단 뒤의 땅에서 솟아올라 지붕을 형성하는 둥근 천장이다. 알바르 알토는 자신의 곡선을 천장에 자연스럽게 집어넣어 마치 벽이 타고 올라가는 느낌을 주도록 만들었다. 쐐기 모양의 둥근 천장은 내부 전체 천장을 덮으며 부채꼴 모양으로 뻗어 있고, 5개의 영역으로 나뉘어 백색의 나무 칸막이가 이를 강조하고 있다. 외부 측벽은 제단에서 약 10m 떨어진 부분에 기하학적 시작점을 두어 전체 형태에 강조된 응집력을 제공한다. 제단 오른쪽에는 세례당이 있는데, 랜턴으로 덮여 마치 구리의 탑처럼 보인다. 특이한 모양의 사이드 윈도우는 북구의 부족한 일조량을 보충해 주면서도 햇빛이 좌석에 직접 닿지 않도록 분산시켜 준다.

알바르 알토의 건축물을 보면 마치 가구를 확대한 듯한 인상을 받는다. 때로는 하나의 조형물처럼 보이기도 하고 때로는 가구같기도 하다. 그래서 그의 건축을 독일어로 종합 예술(Gesamtkunstwerk)이라 칭한다. 그는 장식적인 부분을 배제하고 기능성을 부각시킨 철저한 모더니즘의 형태를 우리에게 선보였다. 건축물 구석구석 어느 하나도 제 역할을 하지 않는 부분이 없을 정도이다.

모더니스트 건축가의 건축물은 간혹 애매한 경계를 갖고 있기도 한데, 알바르 알토는 매우 순수한 모더니즘을 보여 주고 있다. 건축의 바이블이라 불리는 기디온은 『공간, 시간, 건축』이라는 책에서 알바르 알토를 극찬했으며, 핀란드의 건축가 키르모 미콜라는 그를 모던의 바로크라 칭하기도 했다.

그의 건축물은 하나의 조형물처럼 보이기도 하고 때로는 가구같기도 하다.

하우스 오브 디올은 포잠박의 도시적인 감수성을 엿볼 수 있는 건축물로
공간에 도시를 품으려는 의도가 잘 나타나고 있다.
포잠박은 건축물의 내부 디자인 또한 하나의 도시와 같이 설계함으로써
건축물이 도시와 연결된 공간이 되는 것을 추구했다.

도시에 피어난 꽃

하우스 오브 디올

House of Dior Seoul

설계: 크리스티앙 드 포잠박(Christian de Portzamparc)
준공: 2015
위치: 대한민국 서울

표현주의에서 말하는 유기적 역동성이란 곧 상대적 연관성을 갖는 것으로 각 공간과의 관계, 형태가 분절되지 않고 이어지는 것을 말한다. 포잠박의 건축물은 이러한 부분을 잘 보여 주고 있다. 그는 형태에 있어서 과감한 디자인을 시도하고 그에 더하여 뛰어난 예술적 감각을 건축물의 형태에 적극적으로 시도한다. 그는 건축물 형태에 과감한 디자인을 시도하듯 내부 디자인 또한 하나의 도시로 만들기를 원했고, 다양한 인테리어 디자이너와 협업을 이어나가고 있다. 이러한 노력이 그를 50세의 나이에 프리츠커 상을 수상한 최초의 프랑스 건축가로 만든 것이다.

초기 표현주의가 인간의 심성을 담고 있었다면 포잠박의 건축형태는 도시를 품고 있다. 그가 말하는 개방형 블록은 새로운 도시 구조를 의미하는 것으로 폐쇄적인 건축물의 형태가 가득한 도시가 아닌 도시와 건축물이 연결된 공간이다. 그의 작품이 처음부터 도시와의 유기적 관계를 적극적으로 수용했던 것은 아니고, 후기에 접어들수록 공간에 도시를 품으려는 의도가 잘 나타나고 있다. 이러한 배경에는 포잠박의 도시적인 감수성이 담겨 있다. 그의 건축 철학은 건축물이 도시에서 하나의 미적 조형물처럼 작용하는 것이다. 이는 건축물이 단순히 공간을 포함하는 물리적 영역이 아닌 도시를 공간으로 끌어들이고, 그것을 다시 뿜어내는 도시와 공간의 유기적 작용이라는 의미가 담겨 있다.

포잠박의 건축물은 내부와 외부가 상호 침투하여 흐르는 도시 카페트를 보여 주고 있다. 보이드와 솔리드의 이원론적인 정의가 아닌 준 솔리드 또는 준 보이드의 존재를 나타내고 있으며 자연의 부드러움을 도시로 가져와 이를 건축물 내 공간으로 이끌어 가는 유기적 작용을 볼 수 있다. 이는 공간과 도시의 경계가 허물어진 건축물이라는 것을 뜻한다. 즉, 그에게는 공간이 존재하지 않는 것이다. 하우스 오브 디올이 그의 건축물 중 최고라는 것은 아니다. 그러나 건축물은 도시에서 어떤 역할을 하는가에 대한 그의 의문을 잘 보여 준 작품이다. 도시에 건축물이 있는 것이 아니라 도시에서 건축물이 공간을 갖는 하나의 아름다운 조형물처럼 기능하여 도시를 아름답게 꾸미는 또 하나의 역할을 주고 싶은 도시와 공간의 유기적 작용을 보여 주려는 그의 의도를 잘 나타낸 것이다. 도시에 저렇게 큰 꽃이 있다면 도시는 아름다운 꽃의 향기로 가득할 것이다.

룩셈부르크의 필하모니(Luxembourg Philharmonic)
중국 쑤저우의 쑤저우 대극장(Suzhou Bay Grand Theater)
프랑스 파리의 라데팡스 아레나(Paris la Défense Arena)

elektro
mobil
Museum für
Kommunikation
Frankfurt

규격화 속 자유의 추구

국립우편통신 박물관 프랑크푸르트

Museum fuer kommunikation Frankfurt

설계: 균터 베니쉬(Gunter Behnisch)
준공: 1990
위치: 독일 프랑크푸르트

독일의 다양한 건축가들이 세계 무대에서 왕성하게 활동하고 있는 데 반해 균터 베니쉬는 그 지명도가 다른 건축가들에 비해 높지 않다. 베니쉬는 해체주의 건축가로 알려져 있다. 그가 선보인 건축 형태와 구조가 기존 방법과 차이를 보인 것을 보면 해체는 맞다. 그러나 그는 형태의 해체보다는 개념의 해체를 가지고 왔으며, 독일은 그를 민주주의 건축가로 칭한다.

균터 베니쉬는 독일의 엄격함 속에서 자유를 추구했다.
국립우편통신 박물관은 그의 건축을 가장 잘 보여 준 작품이다.
앞에서 본 이미지를 생각하고 안으로 들어가거나
뒤편의 형태를 보면 예상치 못한 재료와 곡선을 보여 준다.

독일 근대 건축의 시작점에서 여러 건축가가 등장했지만 균터 베니쉬의 등장은 특히 중요했다. 독일은 모든 분야에 DIN(독일 산업 규격, Deutsches Institut for Normung)이라는 틀이 완전하게 자리 잡고 있다. 이 DIN이 건축에도 엄격하게 적용되어 독일의 건축은 자신들만의 품위를 지키며 발전해 왔다. 그러나 자유롭지는 않았다. 그 속에서 균터 베니쉬는 어디에도 속하지 않는 건축물 자체의 자유로운 형태를 추구했으며 내부 환기가 잘되는 형태의 자유를 추구하는 건축가의 길을 보여 준 것이다.

균터 베니쉬를 세계에 알린 계기는 1972년, 프라이 오토와 만든 뮌헨 올림픽 경기장이다. 이 건축물의 특징으로는 어디에도 묶이지 않고 떠 있는 지붕을 들 수 있는데 여기에 적용된 막 구조는 실로 세계를 놀라게

1992년 10월부터 1999년 7월까지 사용한 독일 연방의회 본회의장(Bonn Bundestag)

하는 데 충분했다. 물론 이 막 구조의 주축은 프라이 오토이지만 주 건축가는 균터 베니쉬였다.

1990년대에 그는 마인강 주변 프랑크푸르트 박물관 지역에 커뮤니케이션 박물관을 설계했는데 이는 과거에 독일 정부에 속한 우편박물관 같은 건축물이다. 앞에서 바라보는 이미지를 생각하고 안으로 들어가거나 뒤편의 형태를 보면 전혀 예상하지 않은 재료와 곡선으로 되어 있다. 대부분의 전시실이 지하로 내려가고 지상에는 빛과 공기의 순환을 위하여 공간을 내어 주었다. 건물의 정면에는 이러한 자유의 상징으로 백남준의 돈키호테가 입구를 지키고 있다.

프랑크푸르트 국립우편통신 박물관

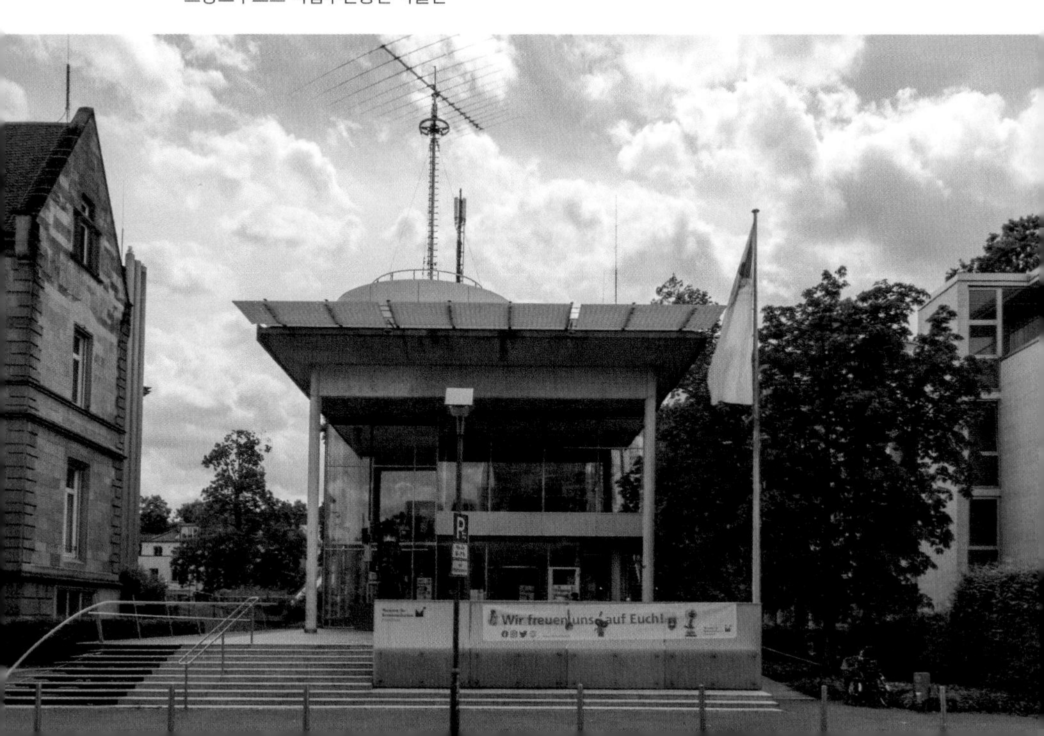

미학,
아름다움에 대한 탐구

작가마다 자신이 갖고 있는 미의 기준이 있다. 그것이 이 작가의 언(言)이다. 그 의도에 따라 작품이 탄생되었다면 이것이 바로 행(行)이다. 그리고 그 결과 우리가 깨달음을 얻고 이에 동조한다면 이는 미를 인식한 것이다.

Guggenheim Museum Bilbao

Jubilee Church

Parc de la Villette

Vespertine

Fallingwater

House X

Tribunal Judiciaire de Pontoise

Beijing National Stadium

Salk Institute for Biological Studies

The Broad Museum

Louvre Abu Dhabi

미학,
아름다움에 대한 탐구

미(美)는 두 가지로 구분할 수 있다. 뷰티(Beauty)와 에스테틱(Aesthetics)이다. 전자가 보이는 것이라면 후자는 내면을 포함하는 것에 더 가깝다. 서로 상반된 의미를 가지고 있는 만큼 미를 정의하기는 어렵다. 그래서 우리는 예술가의 스타일을 살펴볼 수밖에 없다. 자신의 스타일을 결정했다는 것은 그 수많은 미 중에서 가장 이상적인 선택을 했다는 걸 의미한다.

스타일은 작가의 미를 우리가 판단할 수 있는 기준이 된다. 예를 들어 피카소가 입체파 그림을 그리는 것은 당연하다. 그것이 그의 미의 기준이기 때문이다. 그런데 어느날 피카소가 초현실주의 그림을 그린다면 우리는 당황할 것이다. 우리의 미의 기준이 아닌 피카소의 달라진 미의 기준에 의문을 가질 수밖에 없기 때문이다.

미를 정의하기 어렵게 만드는 이유가 한 가지 더 있다. 그것은 개인적인 기준과 전문적인 기준이 다르다는 것이다. 이 책에서는 언행일치로 미의 기준을 잡아 보았다. 언행일치는 그 사람의 작품을 이해하는 데 중요한 열쇠가 된다. 우리가 하나의 작품을 이해하기 위해서 설명을 먼저 듣는 이유가 바로 여기에 있다. 핵심은 그 작가가 자신의 의도(언, 言)대로 작품을 만들었는가(행, 行)이다. 작가마다 자신이 갖고 있는 미의 기준이 있다. 그것이 작가의 언(言)이다. 그 의도에 따라 작품이 탄생되었다면 이것이 바로 행(行)이다. 그리고 그 결과 우리가 깨달음을 얻고 이에 동조한다면 이는 미를 인식한 것이다. 다시 말해 미는 만드는 사람의 것이 아니라 이를 선택하는 사람의 몫이다.

시대가 흐르면서 많은 종류의 형태가 등장했지만 모두 살아남지는 못했다. '디자인=기능+미'이다. 여기서 미의 개념은 단순히 형태만을 의미하지 않는다. 라이트는 "실용적이지 못한 것은 아름답지 않다."고 했으며, 플라토는 "우주, 질서가 모두 미와 같은 말"이라 했다. 철학자 프랜시스 허치슨은 "다양성 속의 통일성과 통일성 속의 다양성"이라 주장했고, 칸트는 "아름다움에 대한 보편적인 기준은 있을 수 없으며 아름다움의 경험은 주관적이지만 대상이 '합의성'을 나타내는 것처럼 보일 때 아름답다."고 믿었다. 그리고 가우디는 "자연에서 나오지 않으면 예술이 아니다."라고 말했다.

이 모든 미의 기준을 만족시킬 수는 없다. 궁극적으로 미는 극히 개인적인 것이다. 기독교 시대에는 기독교적인 것이 미의 기준이었고 르네상스에는 규칙과 질서가 미의 기준이었으며 지금은 개성적인 미의 기준을 우리가 선택하는 것이다. 즉 미의 기준은 마치 백화점 명품관에 나열된 상품처럼 고객이 선택하는 자기 만족인 것이다.

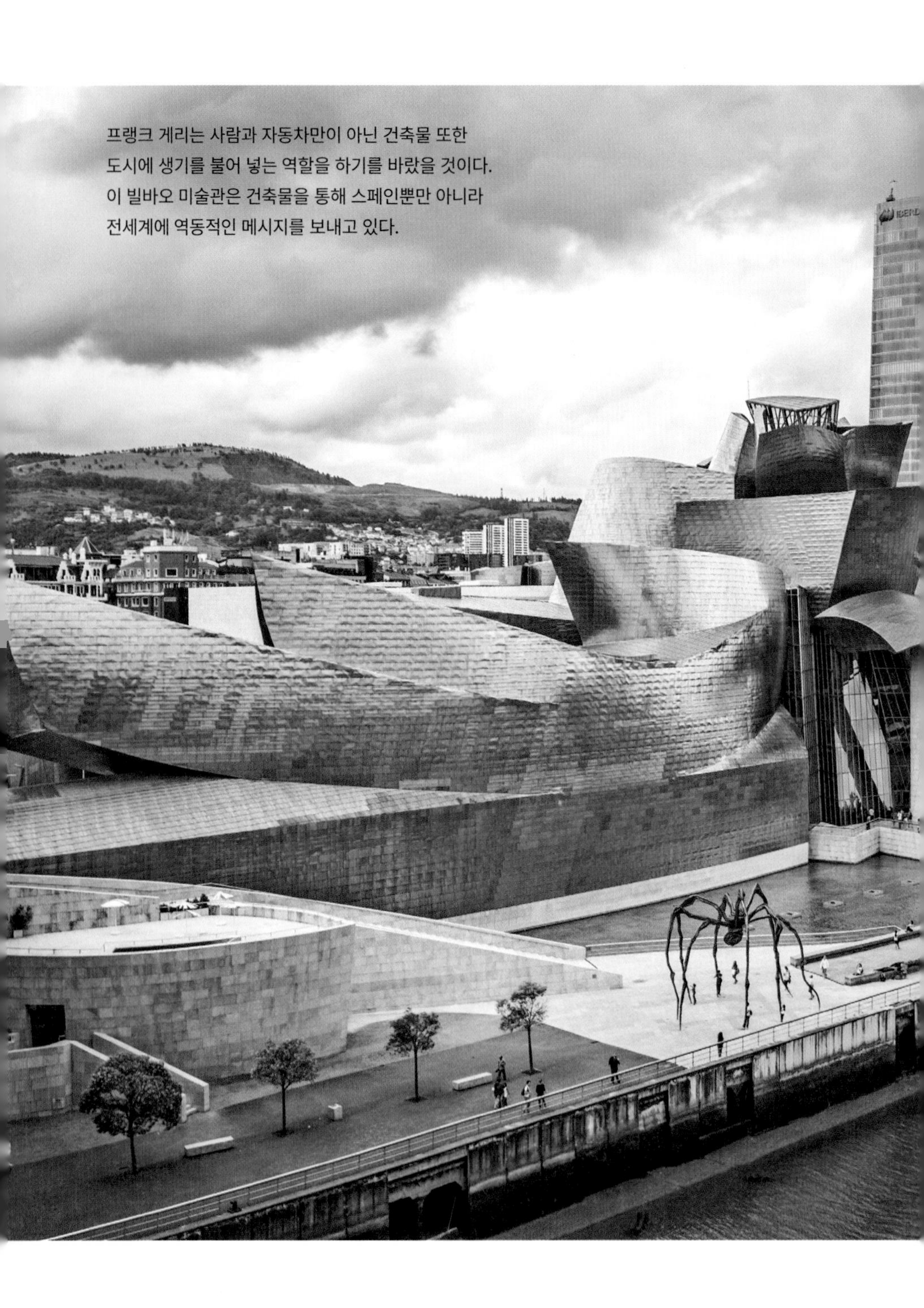

프랭크 게리는 사람과 자동차만이 아닌 건축물 또한
도시에 생기를 불어 넣는 역할을 하기를 바랐을 것이다.
이 빌바오 미술관은 건축물을 통해 스페인뿐만 아니라
전세계에 역동적인 메시지를 보내고 있다.

도시의 부흥을 이끌다

빌바오 구겐하임 미술관

Guggenheim Museum Bilbao

설계: 프랭크 게리(Frank Gehry)
준공: 1997
위치: 스페인 빌바오

세계의 많은 도시에는 우리가 경이롭게 생각하는 건축물이 한둘이 아니다. 그러나 그 모든 건축물이 도시 경제에 큰 도움을 주지는 않았다. 조선과 철강의 도시 빌바오는 한국과 중국에게 대부분의 산업을 빼앗기면서 쇠퇴의 길을 걷고 있었다. 새로운 방향이 필요했던 빌바오는 도시 코드를 문화로 바꾸어 미술관 건립을 계획하기 시작했다. 당시 3명의 건축가 중 선택된 프랭크 게리는 건축물을 설계한다는 것 이상의 요구에 엄청난 부담을 느꼈다. 도시는 게리에게 일반적이지 않은 건물, 시드니의 오페라 하우스 같은 아이콘을 요구했다. 다시 말해 죽어 가는 도시를 살릴 수 있는 처방을 원했던 것이다. 그러나 빌바오는 바스크 도시로 바스크 분리주의자들의 테러리즘에 시달리고 있었다. 심지어 개관 일에 이들이 건축물을 폭파하려다 실패한 사건도 있었다.

게리는 상징적인 건축물을 위하여 본인의 의도를 밀고 나가려 했다. 행정과 여러가지 항의에 부딪히기도 했지만 원래 의도를 준공까지 7년의 세월 동안 끝까지 밀고 나갔다. 그는 티타늄과 석재, 무게감과 빛, 궁전과 선박(강의 옆에 위치)의 통합된 형태를 생각했다. 이것이 그가 생각하는 긍정적 이미지 및 빌바오의 자존심에 대한 보상이라고 생각했다. 그러나 그의 계획을 실행하기에는 다양한 곡선을 재현해야 하는 고도의 기술이 필요했다. 이러한 설계를 가능하게 한 것이 바로 3D 소프트웨어 카티아(CATIA) V3이다.

강 주변이라 토양이 약해 665개의 말뚝이 14m 깊이로 박힌 이 건물은 7년여의 공사 기간을 거쳐 완성되었다. 도시 재생이 성공을 거두면서 1년 평균 100만 명이라는 방문객이 생겼으며, 일 년 만에 건설비용을 이익으로 돌리고 도시 빌바오에 생기를 불어 넣었다. 건축물 하나가 여러 산업을 살린 것이다. 이러한 결과에 게리 자신도 놀랐다. 그러나 많은 예술가들에게는 좋은 평을 받지 못했다. 예술 작품이 오히려 이 건축물에 압도당했기 때문이다. 루브르 박물관이 예술가들에게 더 사랑받는 이유가 바로 이 때문이다.

여기서 중요한 포인트 중 하나는 바로 게리의 건축물들은 '왜 이런 곡선과 외관을 갖고 있는가.'이다. 게리의 건축물에 대한 해석은 다양하게 나오고 있지만 이는 원초적인 내용보다는 학문적인 내용이 더 많은 편이다. 그의 건물이 물고기의 유선과 비늘 형태의 외관을 갖고 있는 것은 그가 어린 시절 물고기와 많은 시간을 보낸 것과 관계가 있어 보인다. 그리고 금속을 다루는 취향은 어린 시절 조부모의 영향을 받은 것으로 보인다. 이러한 배경은 그의 작품을 해석하는 데 좋은 근거가 된다. 다시 말해 사람의 취향에는 어린 시절의 추억이 많은 영향을 미치고 있는 것이다.

이 책의 건축물들이 가진 공통점은 어떠한 변화와 영향을 주었다는 것이다. 프랭크 게리의 건축물은 사고에 변화를 주었다. 그중에서도 빌바오 구겐하임 미술관을 최고로 선정한 이유는 빌바오라는 죽어 가는 도시 재생에 가장 큰 역할을 했기 때문이다.

물고기 램프

순백의 아름다움

쥬빌리 교회 Jubilee Church

설계: 리차드 마이어(Richard Meier)
준공: 2003
위치: 이탈리아 로마

검정색은 강렬한 성격을 갖고 있어서 여기에 걸맞는 성격의 색이 아니면 그 안에서 개성을 보일 수 없다. 그러나 백색은 추가하는 색 그대로 나타난다. 즉 백색은 자신 외의 다른 색을 더 돋보이게 하는 역할을 한다. 자신을 드러내지 않고 다른 색을 살리는 색이며 희생하는 색이다. 그래서 봉사나 희생을 하는 많은 직종에서 그러한 의미로 흰색을 사용한다. 디자인에서도 마찬가지이다. 백색은 무채색 중 그 의미에 가장 부합하는 색이다. 백색 위에서는 어떤 컬러도 잘 드러난다.

쥬빌리 교회는 건축물이 낮과 밤이 다른 모습을 보인다.
낮의 자연광이 만드는 음영과 해가 진 후
건축물의 내부에서 나오는 빛을 모두 고려했기 때문이다.

리차드 마이어가 포스트 모던 스타일로 설계한 미국 캘리포니아의 산호세 시청(San Jose City Hall)

이러한 특징을 가진 백색을 잘 사용한 건축가가 바로 리차드 마이어다. 그는 자신의 건축물 대부분에 메인 컬러로 백색을 사용했다. 다른 재료를 잘 드러나게 하려는 의도다. 예를 들어 좌측 건축물의 백색은 자연적으로 생기는 음영을 건축물 외부에 잘 살리려는 의도가 보인다. 그의 건축물을 살펴보면 매스 하나로 이뤄진 형태는 거의 없다. 형태 대부분이 제2의 피부를 갖고 있다. 이는 메인 형태와 그 주변을 둘러싼 사이 공간에 생기는 그림자가 만드는 빛의 강약을 통하여 백색의 단조로움을 사라지게 하는 효과가 있다. 그러나 메인 형태를 둘러싼 여러 겹의 피부 벽들이 단순하게 장식적인 요소로 존재하는 것이 아니라 시각이나 지붕과 같은 기능 또한 하고 있는 것이 훌륭하다. 마치 수줍은 여인네가 두건을 쓰고 있는 듯 보이며 때로는 드러난 피부를 그대로 보여 주기 싫어 망사 옷을 입은 듯 보이기도 한다.

쥬빌리 교회의 돛처럼 보이는 3개의 구조물은 삼위일체를 의미하며,
배에 교회를 대표하는 의미를 부여한 기독교 전통과도 부합한다.

이번에 소개할 쥬빌리 교회는 리차드 마이어의 대표적인 건축물이다. 쥬빌리 교회의 착공시기는 1998년이지만 그 구조가 복잡하여 2003년에야 완성할 수 있었다. 훌륭한 건축가는 낮에 보이는 건축물과 어둠 속에서 보이는 건축물의 두 가지 면을 생각한다. 리차드 마이어는 해가 진 후 건축물의 내부에서 나오는 빛에 의한 건축물의 또 다른 모습을 생각하기도 했다. 낮의 햇빛 속에서 보았던 그 형태와는 또 다른 모습을 보여 주려고 한 것이다. 본당은 보트의 개념을 갖고 있고 삼위일체를 의미하는 3개의 돛이 있다. 배는 바다의 안내인으로서 교회를 대표하는 기독교 전통에 따른 것으로 3000년에 사람들을 태우고 바다를 건너는 의미를 갖고 있다. 이 건축물은 빛이 내부에 직접적으로 들어가지 않는다는 특징이 있으며, 벽면이 이산화티타늄으로 코팅되어 오염되지 않고 백색을 유지한다.

Villette
RétroFutur
CABARET
WIP Ville

흩어짐의 표현

라빌레뜨 공원 Parc de la Villette

설계: 베르나르 추미(Bernard Tschumi)
준공: 1983
위치: 프랑스 파리

파리에서 3번째로 큰 공원이 있는데, 그 이름이 라빌레트 공원(Parc de la Villette)이다. 원래 돼지 도살장이었던 이곳을 파리 시는 공원으로 변경하기를 원했고 '21세기형 도시공원'이라는 이름 아래 여러 건축가들이 공모에 참여했다. 그리고 1982년, '베르나르 추미'라는 건축가가 당선되었다. 그는 자신의 작품에 해체주의 철학자 자크 데리다(Jacques Derrida)의 이론을 반영했다.

여기서 잠시 추미의 스타일에 대해 생각해 보자. 추미에게 자신의 작품에 대한 설명을 의뢰한 적이 있다. 그의 대답은 "나도 모른다."였다. 그의 대답은 기대를 저버리는 답이었지만 이 작품들을 살펴보면 이해가 갈 것이다.

추미는 과거 도살장 터였던 이 공원에 '비(非) 장소'의 개념을 보여 주었다. 시간의 경과와 삶의 해체를 표현하였고, 세상 어느 것도 정지되어 있지 않다는 메시지를 전해 준다.

라빌레뜨 공원의 건축물은 건축과 조형물의 경계에 걸쳐 해체를 은유하고 있다.

추미는 이 공원에 35개의 조각품을 설치했다. 조각품들은 몇 가지 공통점이 있다. 공원 내에 설치된 그의 작품은 모두 붉은색이다. 그리고 또 하나, 건축물인지 아니면 조형물인지 명확하지 않다. 그는 자신의 작품들을 폴리(folie, 프랑스 말로 어리석음)라고 이름 붙였다. 추측건대 그가 데리다의 해체주의를 생각한 것은 이 공원이 과거에 도살장이었다는 사실에서 시작했을 수도 있다. 즉 도살장이란 삶이 해체되는 장소다. 그리고 작품이 갖고 있는 붉은색은 생명을 나타낸다. 대부분의 형태가 건축과 조형물의 경계에 있다는 것은 그 경계에 대한 부정적인 의미를 담은 것일 수 있다.

이 공원에 있는 작품 중 시간이 흐르면서 해체되는 형태를 가장 잘 보여 주는 것이 바로 앞장의 조형물이다. 땅은 생명의 시작이다. 여기서 완전체를 이루는 면은 바닥에 있으며 점차 시간의 흐름에 따라 면은 굵은 선으로 바뀐다. 그리고 그 굵은 선도 희미해지면서 허공으로 사라지는 시간적 흐름을 보여 주고 있다. 자신도 모르겠다는 추미의 답변은 진짜 모르는 게 아니라 이 세상 어느 형태도 정지되어 있지 않다는 의미일 것이다. 그는 이 공원이 생명이 사라지는 곳이었음을 알았기에 시간이 흐르면서 삶도 해체되는 것을 나타내고자 했을지 모른다. 개체가 모두 사라져 아무것도 없는 곳은 곧 장소의 개념도 사라진다. 그는 이 '비(非) 장소'의 개념을 보여 주려 한 것이다. 사라질 것에 연연하는 것은 어리석음(folie)이라는 이야기다.

바닥에서 위로 갈수록 면은 선으로 변하고,
더 가늘어지는 모습에서 사라져 가는 것을 생각하게 한다.

베스퍼틴 빌딩은 투박하면서도 완공되지 않은 것처럼 보인다.
그러나 이는 끊임없는 진행의 이미지인 동시에
투박함을 통해 전하는 그 무엇보다 강렬한 메시지이다.

마무리를 재고하다

베스퍼틴 빌딩 Vespertine

설계: 에릭 오웬 모스(Eric Owen Moss)
준공: 2017
위치: 미국 캘리포니아

모스는 모더니즘의 새로운 장을 열었다. 그의 건축물이 우리에게 성큼 다가섰다가 저만치 사라지려 하는 것은 우리의 관념 속에서 있어야 할 것이 존재하지 않고 낯선 부분이 확대되어 있기 때문이다. 모스 또한 자신의 작품에 대한 이해를 구하지 않는다.

모스의 건축물들은 기존의 익숙한 것과 다른 모습을 하고 있다. 일반적인 건축물이 재료의 특수성을 추구해 그것을 일반화했다면, 그는 오히려 흔하게 볼 수 있는 재료를 사용함으로써 오히려 이상하게 보이는 상황을 연출했다. 테두리도 모서리도 없고, 기둥은 이미지적인 잔재만 보일 뿐 홀로서기를 하고 있다. 모스의 건축을 형태적인 언어로만 바라보면 그렇게 보일 수도 있다. 그러나 그는 오히려 가장 친근한 피부를 내보인 것이다.

미국 로스앤젤레스의 엄브렐러(Umbrella)
미국 로스앤젤레스의 사미타우로스 타워(Samitaur Tower)

문장 속에 다양한 단어가 있다면 오히려 본질을 이해시키는 것이 더 어려울 수도 있다. 그래서 짧고 굵게 한 단어만 던져서 의미를 전달한다. 투박한 것은 세련된 것보다 오히려 더 많은 가능성을 제시할 수도 있다. 모스가 보여 주는 통일되고 일방적인 색의 강렬함, 너무도 흔한 재료가 쓰였다는 놀라움과 단순함이 주는 무딘 감각은 지금까지의 건축물에서 얻을 수 없는 이미지이기에 오히려 새롭다. 벽의 두께는 다시 중세의 도시로 돌아간 듯한 인상을 주며, 〈벌거벗은 임금님〉처럼 보이는 부분이 아니라 숨겨져 있는 것을 적나라하게 드러냈다.

마무리는 그 작업의 끝을 말한다. 마무리가 되지 않았다는 것은 아직 진행 중이라는 의미다. 베스퍼틴 빌딩 또한 미완성의 이미지를 보여 주고 있다. 전체적인 형태가 반은 강하게 채워진 솔리드적 표현이 강하고 다른 한 편은 격자에 싸인 보이드적 성격이 강하다. 그야말로 '모 아니면 도'라는 말처럼 강렬한 이미지로 섬세한 디테일이 전혀 없는 아주 투박한 외관이다. 그러나 그것이 그에게는 완성된 것이다.

미국 로스앤젤레스의 비하이브(The Beehive)
미국 로스앤젤레스의 래퍼(Wrapper)

주황색은 페인트를 칠하기 전, 철의 부식을 막기 위해 초벌로 칠하는 색이다. 건축물 자체가 이 색을 띠는 것은 아직 작업 중인 것처럼 보이는 효과를 준다. 정면의 유리 프레임은 그 두께가 과하고 건축물 규모에 비해 너무 많은 개수가 들어가 있다. 이는 구조적으로 안정감 있게 보일 수는 있으나 투박해 보이기도 한다. 오른쪽 위의 외부 계단은 마치 완공 후에 설치한 것처럼 전체적인 이미지와 어울리지 않으며, 격자가 가진 곡선은 날렵하지 않고 넉넉한 것이 중년 여성과 같은 친근감을 준다. 심지어 건물 앞 바닥은 아직도 공사 중인 것처럼 보인다. 이 모든 것들이 '건축물은 완성된 것처럼 보여야 하는가?' 하는 의문을 던져 준다.

다른 예술가들과 마찬가지로 건축가들도 자신의 작품에 공간을 제공하는 일차원적인 내부 기능뿐 아니라 외부 형태에도 메시지를 담으려 한다. 베스퍼틴 빌딩은 그가 말하는 형태에 대한 자유를 가장 잘 보여주는 작품이며, 마무리라는 단어의 기준을 다시 한번 생각하게 만드는 작품이다.

자연과의 조화

낙수장 Fallingwater

설계: 프랭크 로이드 라이트(Frank Lloyd Wright)
준공: 1939
위치: 미국 펜실베이니아

이 책의 여러 건축가 중 작품을 선정하기 가장 힘든 건축가가 바로 프랭크 로이드 라이트였다. 그의 작품 대부분이 최고의 작품이기 때문이다. 그는 건축계의 황제이며 아버지와도 같다. 그의 작품을 한 단어로 표현하기는 어려우나 작가가 내뿜는 후광과 품위와는 달리 깔끔하고 정제된 미를 갖고 있다. 그의 작품은 엄청난 파장을 일으키지 않고 고요하면서 큰 산처럼 등장한다. 마치 커다란 파도처럼 움직이지만 시냇물처럼 시끄럽지 않고, 수많은 생물을 담고 있으나 표나지 않는 품위가 있다. 그러면서도 어느 작품에나 응용할 수 있는 메시지와 테크닉을 담아서 전달한다.

낙수장은 주거형태의 교과서와 같은 건축물이다.
건축물의 형태에는 XYZ 축이 모두 적용되었고,
그 지역의 건축 재료를 사용하였다. 그리고 폭포가 건축물과
어우러져 자연과의 조화란 무엇인지 명확하게 보여 주었다.

미국 시카고의 로비하우스(Robie House)

모든 건축물이 만든 이를 궁금하게 하거나 떠오르게 하지는 않는다. 그러나 라이트의 작품을 보면 그가 떠오른다. 그리고 그가 작품을 만들면서 했던 말들을 찾게 된다. 위의 건축물은 시카고 캠퍼스에 있는 로비하우스다. 그의 이론 중 플루어링 스페이스(Flooring Space)라는 것이 있다. 이는 각 바닥이 다음 공간의 바닥에 관입되면서 공간과 공간이 서로 연결되는 시스템으로 프뢰벨 장난감을 여러 개 연결해 놓은 모양이다. 특히 이 건물에서 지붕의 기능은 동양적 표현이자 공간을 덮는 처마가 튀어 나온 것으로 채움과 비움의 중간 단계를 잘 보여 준다. 이는 그가 초기에 보여 줬던 주택의 형태와 크게 다른 것으로 이전에 일체형을 이뤘다면 이 로비하우스는 입체적인 형태로 대지의 흐름에 순응하는 모습을 보여 주고 있다.

우측 건축물은 뉴욕에 있는 구겐하임 미술관이다. 고전적인 미술관의 형태와 다른 이 원형 미술관은 많은 건축가들에게 새로운 아이디어를 제공하는 계기가 되었다. 신전과 같은 이미지로 고대 메소포타미아에 건설된 지구라트의 가파른 계단을 닮았기 때문에 '거꾸로 된 지구라트'라고도 불렸다.

그런 라이트의 작품 중 낙수장(Fallingwater)을 최고의 건축물로 선택한 이유는 그의 작품이 콘셉트뿐 아니라 주거형태에 대한 교과서적 건축물이기 때문이다. 이 건축물의 형태에는 XYZ 축이 적용되었고, 그가 미국 주택에 반드시 적용하는 거실 난로가 있다. 동시에 플루어링 스페이스 개념이 들어 있고 가능한 그 지역의 건축 재료를 사용한다는 그의 신념을 담았다. 마지막으로 이 건물의 이름인 낙수장의 근원인 폭포를 활용하였으며 자연과의 조화를 그대로 적용하였다.

그의 명언 중 하나를 살펴보자.

"자연을 관찰하라. 자연과 가까이 하라. 자연은 절대 배신하지 않는다."

라이트는 미국뿐 아니라 전세계에 영향을 준 건축가이다. 그의 작품은 언제나 선구자적인 메시지를 전달하지만, 이 낙수장은 실용적인 콘셉트와 미의 관계, 자연과 건축물의 관계를 재확인시키고 우리에게 아름다움이 무엇인지 깨닫게 해 준다.

달팽이 모양의 외관과 나선형 계단으로 건축사에 한 획을 그은
미국의 솔로몬 R. 구겐하임 미술관(Solomon R. Guggenheim Museum)

하우스 10은
중심을 설정하지 않고
사방에 있는 다른 형태들이
조합을 이루는 구성으로
표준에 대한 위반을
시각적인 형태로 보여 주었다.

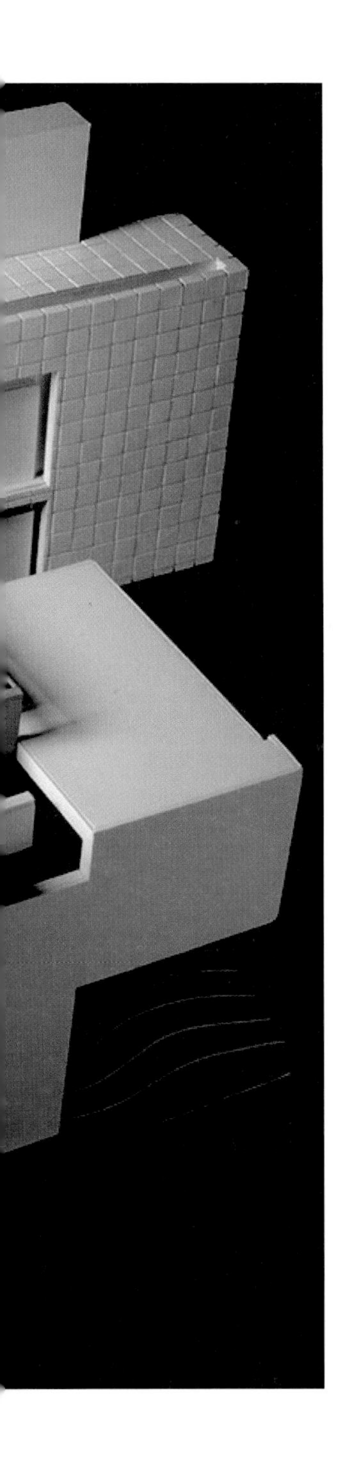

표준에 저항하다

하우스 10 House X

설계: 피터 아이젠만(Peter Eisenman)
구상: 1975

피터 아이젠만의 작품을 한마디로 정리하면 파편처럼 흩어지는 것이다. 이는 기존의 건축 형태가 갖고 있는 매스와 다르다.

그의 작품을 이해하기 전에 그가 한 말을 한번 살펴보자. "건축은 표준성에 흡수되지 않고 저항하는 것이다. 흡수에 대한 저항이 바로 현재성이다." 그의 표현을 분석한다면 표준이라는 것은 곧 과거다. 표준을 따른다는 것은 과거의 연속선상에 있을 뿐 이것은 건축가가 과거의 반복적인 행위를 하는 것이라고 그는 믿고 있다. 그렇기 때문에 표준을 위반한다는 것은 말 그대로 위반이 아니라 새로운 창조를 의미한다고 보는 것이다.

그는 이렇게 말한다. "역사에는 항상 두 가지 힘이 작용하고 있다. 한 가지는 유형을 전형화하고 표준화를 위하여 움직이는 정상화, 일반화의 힘이다. 또 다른 한 가지 힘은 위반의 힘인데, 이는 표준화에 대항하는 방향으로 나아가고 이를 바꾸려 한다. 이 위반의 힘은 여러 번 반복되어 새로운 유형에 다시 흡수된다." 표준에 대한 위반은 다시 반복이라는 과정을 통해 표준이 되고 여기에서 또 다른 위반을 거쳐 새로움이 탄생한다고 믿는 것이다.

아래는 아이젠만의 고이즈미 산교 건물(Koizumi Sangyo Office)이다. 그는 자신의 작품에서 3개의 단어 반복, 대치, 연대를 읽을 수 있게 시도하였는데 그 자신도 그가 무엇을 하는지 모른다고 표현하였다. 이것은 그가 네오 모더니즘의 건축가라는 것을 의미한다. 네오 모더니즘의 작품 속에는 인간이 중심에서 벗어난 이미지가 나타난다. 여기서 인간은 곧 피터 아이젠만 자신일 수도 있으며 그 중심은 형태와 콘셉트의 중심으로 볼 수도 있는 것이다.

미국 건축가 협회에서 최우수상을 수상한 일본 도쿄의 고이즈미 산교 주식회사 본사 (Koizumi Sangyo Office Building)

아이젠만은 그의 작품에서 해체를 주제로 삼지 않는다. 즉 네오 모더니즘이 추구하는 탈구성주의를 우선적으로 생각하면서 그의 작품을 보아야 한다. 그는 해체보다는 탈구성이라는 새로운 구성을 만들고자 하며 전통적으로 합법화된 기능, 의미, 미학으로부터 단절을 시도하려고 한다. 이는 기존의 가치에서 탈피하려는 것이 아니라 새로운 기능, 의미, 미학을 만드는 것이다.

그가 말한 '전통적으로 합법화된 것'의 의미는 어디에 기준을 둔 것인가? 이것은 이미 근대 건축에서 무수하게 시도되었으며 그의 건축적인 시도는 또 다시 새로운 시도를 위한 발판이 될 것이다. 아이젠만은 구조와 장식이 아닌 기능과 공간이라는 개념으로 대체하였으며 이는 곧 해체와 구성이라는 대립되는 개념 속에서 그 일부를 차지할 뿐이다. 건축물이 사용물이라는 기본적인 개념에 의하여 근본적으로 공간은 그 역할이 가려졌다. 존재에 대한 가치가 기능이라는 개념에 가려졌던 것이다.

일반적인 형태는 중심이 있다. 이것이 일반적 구성이다. 그러나 피터 아이젠만의 구성은 중심이 없다. 중심이 있다는 것은 형태의 운동력에 일정함이 일어나고 이는 내부를 향한 구심력이 형태적으로 작용한다는 것이다. 반대로 중심이 없다는 것은 구심력보다는 외부로 향한 원심력을 내포하는 것으로 힘의 중심이 무게가 강조된 것에 실리게 된다. 앞의 고이즈미 산교 건물도 구심력이 작용하는 형태에 상단부 우측에 기울어진 형태가 추가되면서 힘의 균형이 무너졌다. 여기서 예를 든 하우스 10도 가운데 중심이 있는 것처럼 보이지만 사실 사방에 다른 형태들의 조합을 이루는 구성으로 기존의 구심력에 대한 반항으로 표준화에 대한 저항을 잘 보여 준 건축물이다.

P

기능과 아름다움을 갖춘 외벽(Surface)

퐁투아즈 법원

Tribunal Judiciaire de Pontoise

설계: 앙리 시리아니(Henri Ciriani)
준공: 2005
위치: 프랑스 퐁투아즈

일반적으로 건축은 공간을 만드는 작업이다. 그러나 앙리 시리아니의 건축물을 보면 공간보다 외부가 더 눈에 들어 온다. 다른 건축물들은 일체형이 아니더라도 매스가 교차되어 얹혀지거나 볼륨을 이용한 매스의 변화를 주는 데 반해 앙리의 공간은 직접적으로 외부와 맞닿는 것이 아니라 또 하나의 영역을 통하여 외부와 접촉한다. 이는 리차드 마이어와 유사한 이미지를 줄 수 있지만, 앙리의 건축물은 그보다 더 강한 이미지의 외벽을 갖고 있다.

퐁투아즈 법원의 외벽은 기능적으로도 유용하지만
이용자에게 심리적으로 안정감을 준다.
이 외벽은 시민들에게 법이 그들을 보호하기 위한 장치라는
이미지를 주어 건축물이 목적과 부합하는 좋은 예가 된다.

앙리의 건축물을 보면 다른 건축물들은 벌거벗은 형태처럼 보이기도 한다. 이는 앙리의 건축물이 제2의 영역을 갖고 있기 때문이다. 그의 건축물에 사용된 두 번째 벽은 심리적으로도 좋은 효과를 보여 주며 건축 재질이 주는 삭막함을 완화해 주는 역할도 한다. 특히 두 번째 벽은 대부분 매쉬 형태로 그 뒤에 숨겨진 공간에 대한 상상력을 갖게 한다. 이 두 번째 외벽은 건물의 외부를 보호하기 때문에 외부에 있으나 외부에 있지 않은 듯한 느낌을 준다. 또한 강렬한 햇빛을 막아 주는 가림막 역할도 한다.

일반적으로 주택 건축물에는 비용 차원에서 이렇게 다양한 표현을 적용하기 힘들다. 임대주택이라면 더더욱 그렇다. 그러나 앙리의 임대주택들은 프랑스 다른 어떤 곳과 비교해도 건축 디자인 면에서 절대 뒤처지지 않는다. 건물과 외부에 있는 사각 사이에는 아케이드 영역이 있다. 이는 유럽 도시에 있는 흔한 표현으로, 모던 건축물이지만 과거의 도시 형태를 갖고 왔으며 외부에서 직접적으로 내부를 볼 수 없게 만든 것이다.

그의 작품 중 퐁투아즈 법원은 그의 다양한 스타일을 엿볼 수 있다. 퐁투아즈 법원은 대부분의 법원과는 상당히 다르다. 대부분의 법원은 심판의 무게를 강조하기 위해서인지 창문이 거의 없는 어둡고 불길하고 화려하게 장식된 석조 구조물이다. 그러나 이 건물은 사법 체계가 법의 지배를 효과적으로 보장하는 데 필요한 물질적 자원일 뿐이라는 것을 시민들에게 보여 준다. 나아가 판결이 엄숙하고 공정하며 부당한 대우를 받는 자에 대한 자비를 강조한 것으로 보인다.

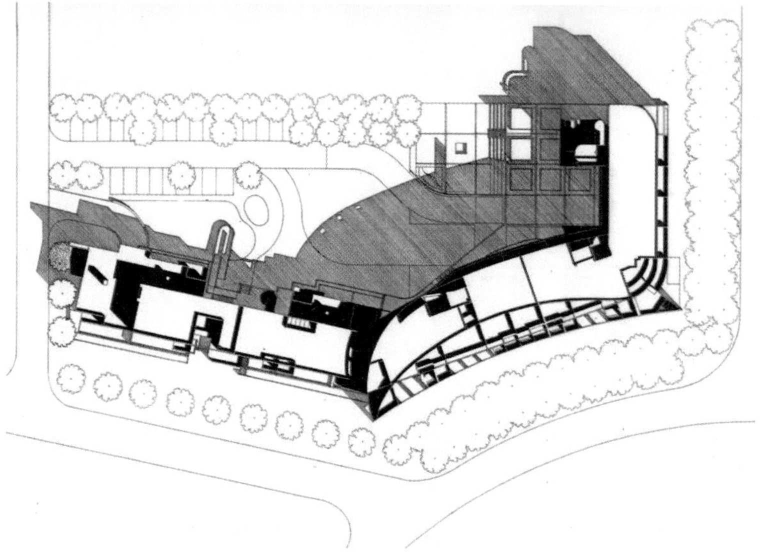

프랑스 마른 라 발레(Marne la Vallée) 신도시 중 로그네스(Lognes) 지역의 임대주택

가장 멋진 옷을 입히다

베이징 국립경기장

Beijing National Stadium

설계: 헤르조그 & 드 뫼롱(Herzog & de Meuron)
준공: 2007
위치: 중국 베이징

헤르조그 건축물의 전체적인 형태를 보면 획일적인 사각형을 탈피하고 역동적인 기하학을 적용한 것을 알 수 있다. 또한 다양한 예술가를 프로젝트에 참여시켜 형태 그 자체에서 예술적 영감을 얻게 하기도 한다. 여기에 나열된 건축물들을 살펴보면 그 형태에 일관성이 있지 않지만 모두 다양한 외피를 가진 것을 볼 수 있다.

헤르조그가 프리츠커 상을 받을 때 한 심사위원은 "건축의 외피를 이러한 상상력과 기술로 보여준 건축가는 역사상 찾아 볼 수 없다."라고 표현하였다.

베이징 국립경기장은 대나무를 모티브로 삼았다.
토속적인 이미지를 곡선으로 나타낸 거대한 대나무 바구니,
헤르조그가 중국에서 받은 가장 순수한 영감이자
그가 보여 주는 외피의 마술이 만들어 낸 결과물이다.

이는 헤르조그의 건축물이 갖고 있는 외피의 마술을 우리가 눈여겨 보아야 함을 의미한다. 단순히 마감 재료로 끝난 것이 아니라 그 외피가 곧 공간과 연결되어 있는 것이다. 건축의 기본적인 개념이 공간 창조라면 헤르조그는 외부의 이미지를 공간 내부로 연결하여 보여 주었다.

여기서 선택한 베이징 올림픽 경기장은 헤르조그의 건축물이 보여 주고자 하는 외피의 마술을 그대로 나타낸 건축물이다. 공간 창조라는 건축의 본질 외에 외피의 역할이 얼마나 건축물의 이미지를 다르게 만드는지 잘 보여 주고 있다. 중국이 추구하는 디자인을 가미한 이 경기장은 미니멀리즘적 디자인 또한 환상적이다. 헤르조그가 설계한 대부분의 건축물은 서양에 있다. 그가 서양의 다른 국가에 설계한 건축물을 보면 상당히 공격적이고 강력한 이미지로 표현하였다. 아마도 서양이 가진 산업화의 이미지 때문일 것이다.

독일 함부르크의 하펜시티(HafenCity) 지구에 있는 유명한 콘서트 홀인 엘프필하모니(Elbphilharmonie)

스페인 마드리드에 있는 빌바오 비스카야 아르젠타리아(BBVA)은행의
새로운 건축 랜드마크인 라 벨라(La Vela)

이에 반해 그에게 동양은 아직 자연적이고 토속적으로 보였을 것이며 그중에서도 중국은 동양의 대표적인 문화를 갖고 있는 국가로 보였을 것이다. 여기에 서양의 형태는 사각형이고 동양의 형태는 곡선이라는 비잔틴의 개념이 작용하였을 것이고 특히 가장 토속적인 것이 무엇인가 고민하였을 것이다. 그리고 베이징 올림픽은 변화된 중국을 홍보하는 데 중요한 사건이라는 것도 떠올렸을 것이다.

대나무는 그가 중국을 떠올리고 서양과 차별화하는 과정에서 중요한 재료였다. 그리고 어떠한 나라를 표현하는 데 있어 가장 토속적이면서 가장 정체성을 잘 드러내는 요소는 바로 생활 속에서 찾을 수 있다. 바구니는 생활에 필요한 다양한 재료를 담는 공간이다. 여기서 시작한 그는 대나무로 만든 바구니를 떠올렸을 것이다. 대나무로 짠 바구니는 그가 중국에서 받는 영감 중 가장 순수한 것이었을지도 모른다. 그래서 그는 가장 순수한 것을 담는 거대한 대나무 바구니를 중국에 선물한 것이 아닐까?

철학을 반영하다

소크 생물학 연구소

Salk Institute for Biological Studies

설계: 루이스 이저도어 칸(Louis Isadore Kahn)
준공: 1965
위치: 미국 캘리포니아

대부분의 사람들은 건축과 건축물을 동일시한다. 그러나 건축물은 물리적인 것이며, 건축은 건축물을 만들기 위한 작업이다. 단지 건축 작업의 기술적인 면만을 의미하는 것이 아니다. 건축은 기술에 자신의 철학과 콘셉트 및 의미를 부여하는 행위이다.

루이스 칸은 건축물에 이렇게 물었다고 한다. "건물아, 건물아. 네가 원하는 것이 뭐니?" 그러자 건물이 "저는 기억되고 싶어요."라고 답했다고 한다. 이 일화는 그가 사라지지 않고 기억되는 것을 만들고 싶었음을 보여 준다. 얼마나 많은 작업의 결과가 만들어지고 사라지는가?

소크 생물학 연구소의 입구 바닥에는 금색으로 "희망은 꿈, 상상 그리고 꿈을 현실로 만드는 용기 있는 사람들에 있다."라는 문구가 새겨져 있다. 설립자의 염원과 건축가의 철학이 훌륭히 반영된 건축물이라 할 수 있다.

그래서 루이스 칸은 건축 형태에 반드시 빛을 사용했다. 그러나 처음부터 자신만의 스타일을 반영한 건축물과 빛 속에 있는 형태를 만든 것은 아니다. 그도 초기에는 여느 모던 건축가처럼 정통적인 국제 양식을 따랐다. 그러나 로마, 그리스, 이집트 등 고대 건축에 대한 답사 후 건축 양식에 대해 고민하기 시작했고, 어디에도 속하지 않는 자신만의 독특한 스타일을 만들기 시작한 것이다.

소크 생물학 연구소는 소아마비 백신 개발자인 조너스 소크(Jonas Salk)가 설립한 연구기관이다. 소크 박사는 생물학을 연구하고 개인이 창의성을 꽃피울 장소를 원했고, 루이스 칸은 그 뜻을 받들어 이 연구소를 건축했다. 산책로를 따라 벽에 칠판을 곳곳에 설치하여 산책 중 떠오르는 아이디어를 기록할 수 있게 하였고, 건물을 따라 여러 줄의 오렌지 나무를 심었다. 원래는 라임 나무가 있었지만, 가을에 노랗게 단풍이 들어 전체적인 이미지가 변화되는 것이 소크 연구소의 일관된 이미지와 맞지 않아 가을에도 그 푸르름이 더해지는 오렌지 나무로 바꾸었다고 한다.

연구소의 중앙에서 보면 태평양 바다를 향해 흐르는 수로가 있다. 수로의 좌우로 2개 동의 건물이 놓여 있는데 원래 계획은 건물 간 간격이 좁은 4개 동이었지만, 간격이 넓은 2개 동으로 변경되어 수로의 방향성이 더욱 돋보이게 되었다. 소크 연구소는 다른 어떤 연구소보다 빈 공간이 많은데, 창조를 위한 열린 환경을 의미한다. 이는 루이스 칸의 다른 건축물에서도 나타나는 경향으로 소크 연구소의 바람이 그의 스타일과 맞아 떨어진 것이다.

루이스 칸의 건축이 고전 건축 양식의 영향을 받았다는 사실은 소크 연구소에서도 드러난다. 클래식한 건축물에서 나타나는 대칭, 순수한 형태의 반복 그리고 조적조 형식의 사용이 그 증거다. 건축물의 전체적인 외관은 현대적인 디자인이지만, 이 건축물은 비례와 대칭을 가미한 수도원과 같은 고립된 공간 성격을 갖고 있다. 전체적인 형태는 사각형임에도 내부는 개인 연구실과 공동 연구실을 나누고 개인 연구실이 언제든 태평양을 바라볼 수 있도록 삼각형으로 돌출되도록 배치하였다. 그리고 순수한 형태의 반복을 통해 공간에 질서를 부여하고 연구실이 갖춰야 할 정서적인 분위기를 만들었으며, 작업에 따라 공간을 분리했다.

루이스 칸은 과학을 통해 진리를 추구하고자 하는 소크 연구소의 의도를 건축물의 단순한 형태와 태평양을 향하는 수로의 방향성으로 표현해냈다. 단순히 기능적이고 물리적인 장소를 넘어 진리를 추구하는 성역으로 재탄생시킨 것이다.

태평양을 향해 난 이 건물의 중정은 종종 20세기 가장 위대한 공간으로 선정되곤 한다.

브로드 박물관은 벌집과도 같은 외관이 건물을 감싸고 있으나,
내부는 단순한 구조로 이루어져 있다. 이 심플한 구조는 기능적인 역할도 수행하는데,
기둥이 없기 때문에 외부에서 내부로의 자연채광이 가능하다.
미적으로도 눈에 편안하며 현대적인 느낌을 주는 효과가 있다.

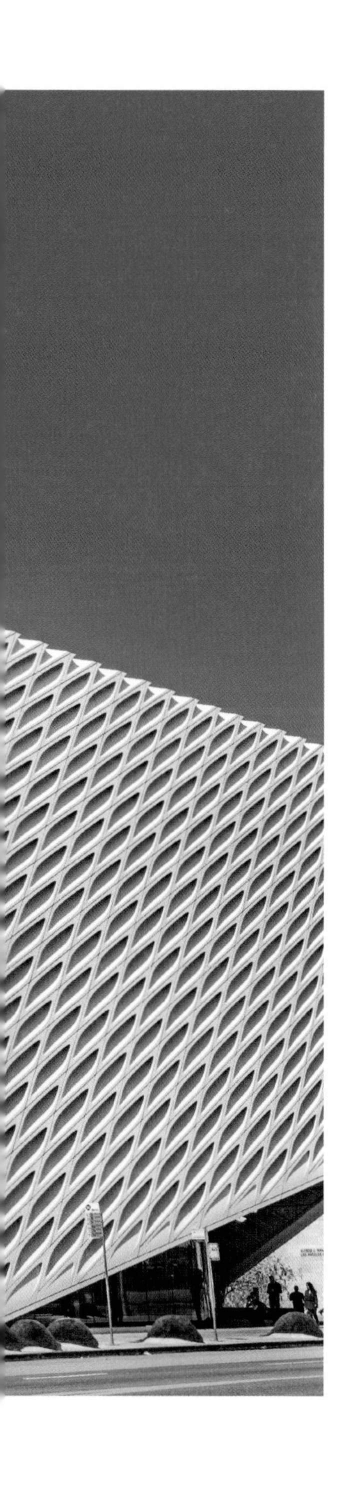

미니멀리즘, 사물의 본질을 보여 주다

브로드 박물관 The Broad Museum

설계: 딜러 스코피디오 & 렌프로(Diller Scofidio & Renfro)
준공: 2015
위치: 미국 캘리포니아

건축뿐 아니라 모든 모양은 고유의 외곽선을 갖고 있다. 여기서 외곽선만 있는 것을 형상(Shape)이라 부르고 내용을 포함한 외곽선을 형태(Form)라 부른다. 형상은 모양을 나타내는 최소한의 단위이다. 그런데 이보다 더 간단한 모양의 단위가 있다. 바로 미니멀(Minimal)이다. 미니멀은 모양의 가장 기본적인 요소만을 사용하여 전체의 형태를 만들어 낸다.

미니멀리즘은 제2차 세계대전 이후 미국의 미술계에서 시작된 예술 운동이다. 미니멀리즘은 불필요한 세부 사항을 모두 제거하여 본질만 보여 주려 한다. "LESS IS MORE(간결한 것이 아름답다.)" 이것이 미니멀리즘을 가장 잘 드러내는 문장이다. 더 적게 보여줄수록 더 많이 생각한다는 의견에 동참하는 것이다.

이러한 미니멀리즘은 건축 디자인에도 강하게

나타났다. 미니멀한 공간은 고요함, 따뜻함, 아름다움을 선사하는 경우가 많은데 미니멀리즘의 가장 중요한 이점 중 하나는 눈에 편안할 뿐만 아니라 현대적이고 고급스러워 보이고 필요한 재료의 종류도 많지 않다는 점이다. 회화, 음악, 사진, 패션 디자인 등 다른 모든 예술에서 나타나듯 미니멀리즘 건축 프로젝트는 복잡한 외부, 내부가 존재하지 않으며, 복잡한 곡선 또는 도전적인 각도를 피하고 단순하게 보이는 주택 디자인을 추구하고 있다.

건축물 중에서는 일리노이에 있는 판스워스 하우스(Farnsworth House)가 미니멀리즘의 대표적인 건축물로 널리 알려져 있다. 아래 사진에서 보듯 미니멀리즘 건축물들은 최소한의 요소로 형태를 구성하여 강렬한 이미지를 주고 있다. 즉 전체적인 형태의 의미보다는 테두리가 주는 요소로 형태를 최소화하는 데 중점을 두고 있다.

여기서 선택한 브로드 박물관은 브로드 아트 재단에 있는 거의 2,000점

마치 자연 풍경 속에 놓아둔 조각 작품과도 같은 분위기를 연출한
판스워스 하우스(Farnsworth House)

의 예술 작품과 브로드의 개인 컬렉션을 전시하려고 설계한 건물이다. 이 건물은 2층의 갤러리 공간으로 구성되어 브로드 박물관의 포괄적인 컬렉션을 선보일 예정이며 브로드 예술재단의 전 세계 대출 도서관 본부가 될 것이다. 이 박물관을 바라보면 마치 벌집같이 반복적인 표현으로 외부를 감싸고 있으나 내부는 이와 반대로 레이트 모던과 같은 단순한 구조로 이뤄져 있다.

박물관의 외관을 보았을 때 앞에서 소개한 단순한 미니멀리즘 건축물과 차이가 있는데 이는 20세기에 변화하고 있는 미니멀리즘의 건축 형태를 보여 주고 있다. 그러나 심플하고 직접적인 디테일의 콘셉트에서는 동일하다. 단순한 내부 구조에 마치 껍데기 하나를 씌워 놓은 것 같은 이 방법은 구조적인 미니멀리즘을 보여 준 것이다. 이 건축물의 가장 큰 특징은 기둥이 없어 모든 공간에 자연 채광이 가능하며 7m 높이의 천장이 2m 깊이의 강철 대들보에 얹혀져 있다는 것이다. 이러한 구조가 다공성 벌집 모양의 외부에서 내부로 자연채광을 가능하게 만든다.

미니멀리즘 건축물은 전체적인 형태의 의미보다는 최소한의 형태가 주는 효과에 중점을 두고 있다.

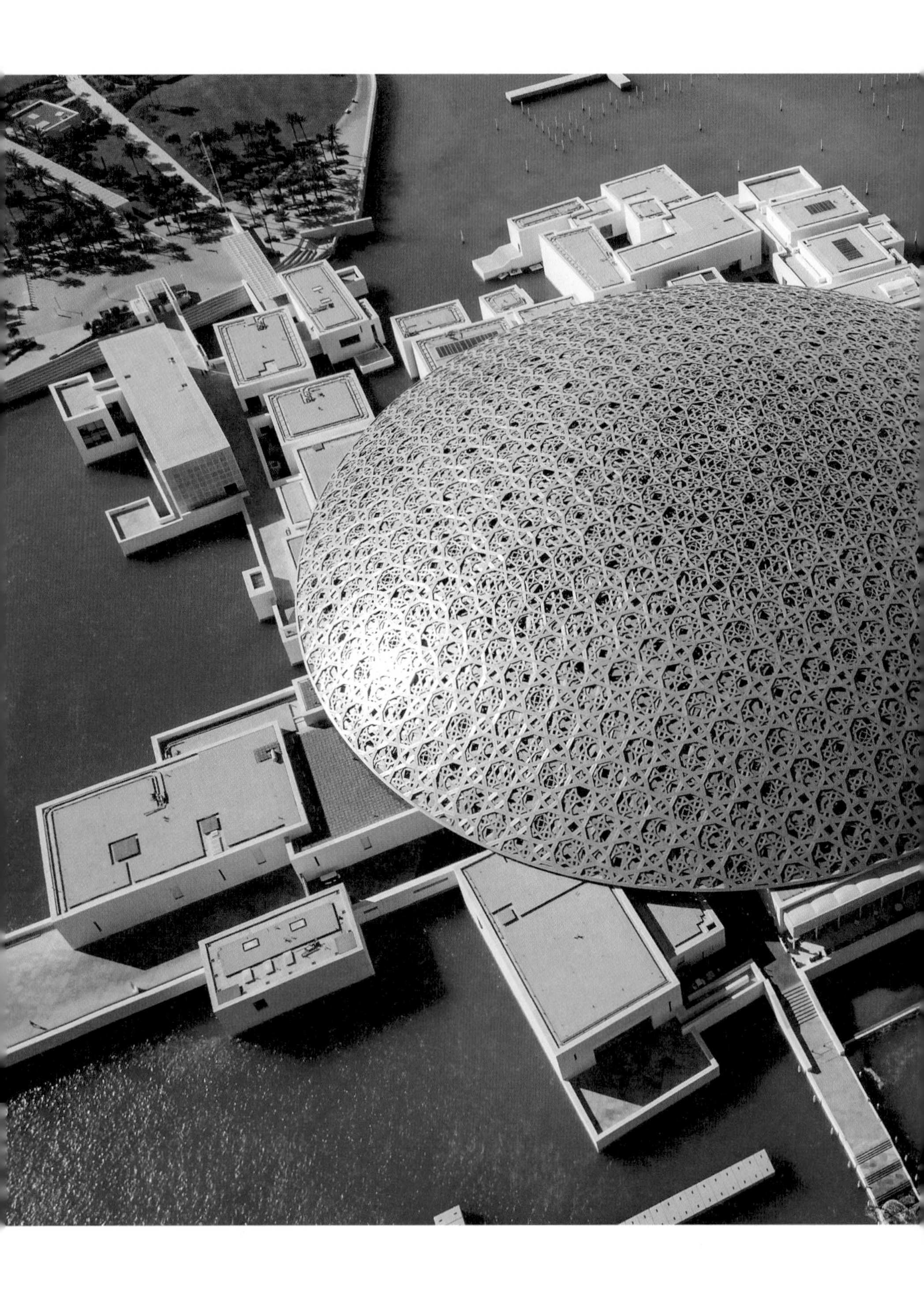

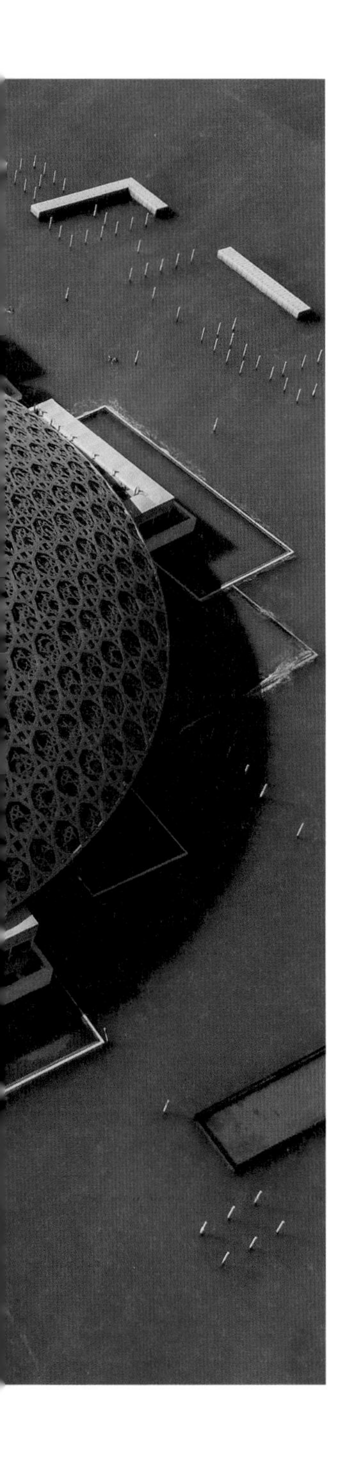

빛의 마술이 보여준 기적

루브르 아부다비 Louvre Abu Dhabi

설계: 장 누벨(Jean Nouvel)
준공: 2007
위치: 아랍에미리트 아부다비

자하 하디드의 곡선, 이오 밍 페이의 삼각형과 같이 건축가에게는 자신을 드러내는 형태적 경향, 스타일이 있다. 그러나 장 누벨의 작품에는 뚜렷한 형태적 경향이 존재하지 않는다. 그렇다면 그는 스타일이 없는 건축가인가? 그렇지 않다. 그의 스타일은 빛이다. 외부에 존재하는 빛을 내부로 끌어들여 공간을 새롭게 창조하기 때문에 그의 건축물은 내부와 외부의 느낌이 큰 차이를 보인다.

장 누벨은 빛을 잘 다루는 건축가이다.
루브르 아부다비는 다양한 창의 모양에 따라 흡수되는 빛으로 내부에 또 하나의 감동을 안겨 준다.

장 누벨은 지역이나 상징에서 아이디어를 얻고, 그것을 형상화하여 다시 건축물의 형태로 바꾸는 작업을 한다. 그중 하나가 바로 3장에서 다룬 카타르 국립박물관이며, 이러한 빛의 마술이 보여준 또 하나의 기적이 바로 아부다비에 있는 루브르 박물관이다. 이름이 프랑스 파리의 루브르 박물관과 동일한 이유는 2007년 개관 당시 2037년까지 루브르라는 이름을 사용할 수 있도록 계약을 체결했기 때문이다. 독창적인 이름을 짓지 않고 '루브르'라는 이름을 쓰기로 계약한 것은 아부다비에 있는 또 하나의 미술관인 구겐하임 미술관과의 경쟁 구도에서 전시품 수급 문제를 해결하려는 의도로 보인다.

루브르 아부다비의 돔이 만드는 패턴은 엄청난 빛줄기가 실내로 떨어지는 광경을 연출한다.

아부다비 루브르 박물관의 외부 지붕은 둥그런 모습을 하고 있다. 그는 어떻게 이러한 형태를 상상한 것일까? 아부다비 루브르의 모티브는 야자나무다. 야자나무를 위에서 본 느낌과 밑에서 본 느낌을 건축물에 적용한 것이다. 우리는 그저 휴양지와 아름다운 섬에 있는 나무라고 생각하지만, 사실 전 세계 문화와 종교에서 중요한 상징성을 지닌 나무다. 기독교에는 종려주일과 연결되며, 이슬람 문화에서는 휴식과 환대를 상징한다. 오래 전부터 중동 지방 사람들은 야자열매를 가공해 식료품과 꿀, 맥주를 만들고 잎사귀는 생필품과 공예품을 제작하는 데 사용했다. 그래서 일부 사람들은 야자나무를 생명의 나무라 여겼다. 고대 중동 문화에서는 항상 대추야자 또는 'Tamar'를 아름다움이나 다산과 동일시하여 소녀를 'Tamar'라고 부르기도 했다. 또한 그것은 중동 사람들에게 오아시스와 같은 의미를 갖는다. 야자나무가 오아시스 주변에 많이 자랐기 때문이다. 중동 사람들은 그곳에서 나는 물을 알라의 선물이라 생각했고, 야자나무를 신성시했다.

장 누벨은 야자나무를 건축물의 모티브로 삼고, 공간 내부에 빛이라는 물을 가득 채웠다. 건축물의 내부와 외부를 빛이라는 매개체로 묶어 거대한 오아시스를 만든 것이다. 그가 아부다비에 선물한 이 오아시스와도 같은 박물관은 2019년 기준 200만 명 이상의 방문객이 다녀가면서 아랍문화권에서 가장 많은 사람이 방문한 박물관이 되었다.

클래식,
변하지 않는 가치

오랜 역사를 가진 그리스·로마 양식은 권위를 상징하기 가장 좋은 요소였고, 클래식의 기본적인 요소가 되어 대표적인 형태를 만들어 냈다. 그러나 클래식이 단지 홍보 목적에서 발생한 양식인 것만은 아니었다. 클래식한 요소들은 사람들에게 안정된 형태의 모티브로 자리 잡았으며 안정된 미의 대명사가 되었다.

Casinò di Campione d'Italia

Cathedral Basilica of Salvador

Sony Tower(AT&T)

San Cataldo Cemetery

Duomo di Firenze

Saint Basil's Cathedral

The Schermerhorn Symphony Center

클래식,
변하지 않는 가치

전문가들은 어느 시대에나 있었다. 그 시대가 무엇을 바라는가에 따라 역사에 기록되고 인정받는 분량에 차이가 있을 뿐이다. 예술가 또한 어느 시대에나 존재했지만, 사회적으로 큰 필요성을 느끼지 못하던 시기에는 권력의 유지를 위한 도구로 사용되기도 하였다. 이는 곧 그 시대가 정신적인 영역보다는 육체적인 영역에 대한 해결책이 더 시급했다는 것이다. 우리가 지금 알고 있는 과거의 예술가는 다빈치나, 미켈란젤로 그리고 라파엘로 등으로 그 역사가 길지 않다. 이들이 왕성한 활동을 하고 훌륭한 작품을 남길 수 있었던 것은 시대적 운이 따라 준 부분도 있었다.

로마네스크 이후 로마 사회는 권력의 일부는 교황에게 넘어가고, 지방 분권이 강해지면서 지방 체제로 넘어가는 시기였다. 이 때, 새로운 세력으로 등장하는 지방의 권력들은 경제적인 부를 등에 업고 자신들의 가문을 알렸는데 여기에 예술가들이 절대적으로 필요했다. 로마는 점령한 지역에 로마양식의 건축물을 지어 힘을 과시하였다. 그래서 유럽 곳곳의 건축물이 비슷해 보이는 것이다.

그중 대표적인 가문은 메디치 가문이다. 이들은 노블레스 오블리주(Noblesse Oblige, 사회 지도층의 도덕적 의무)라는 취지 아래 여러 활동을 했지만, 그 속내는 예술가들을 후원하여 가문의 홍보를 위한 작품을 만들게 하는 것이었다. 이를 패트론 체제(후원제도)라 하며, 이 제도 속에서 예술가들은 건축물뿐만 아니라 미술 그리고 조각 작품 등을 선보이며 자신들의 사회적 명성을 쌓아 갔다. 그리고 홍보를 위한 여러 예술 작품 중 가장 훌륭한 역할을 한 것이 바로 건축물이다.

작품의 예술적인 가치도 중요했지만 궁극적인 목적은 홍보였기 때문에 심플하고 명료해야 했다. 가장 단순한 방법으로 시각적인 전달을 해야했던 이유는 라틴어를 주로 사용했던 상류층 외에는 대부분이 문맹자로서 복잡한 형태는 혼란만 가중될 뿐이기 때문이다. 그래서 의미를 명확하게 전달하기 위해 대칭, 일체형과 같은 변형되지 않은 순수한 형태의 반복이 주로 사용되었다.

이러한 목적이 있었던 만큼 오랜 역사를 가진 그리스·로마 양식은 권위를 상징하기 가장 좋은 요소였고, 클래식의 기본적인 요소가 되어 대표적인 형태를 만들어 냈다. 그러나 클래식이 단지 홍보 목적에서 발생한 양식인 것만은 아니었다. 클래식한 요소들은 사람들에게 안정된 형태의 모티브로 자리 잡았으며 안정된 미의 대명사가 되었다. 기술이 발달한 현대 사회에서도 클래식이 계속 등장하는 이유 또한, 클래식이 주는 형태적 안정감과 미적 메시지가 변치 않았기 때문이다. 안정된 미의 대명사인 클래식이 주춤하게 된 배경으로는 모던의 시작과 건축 재료의 변화도 있겠지만, 패트론 체제의 붕괴가 가장 컸다. 후원을 받지 못해 예술가 뿐 아니라 건축가도 홀로서기를 해야 하는 시기를 맞았기 때문이다.

카지노 디 캄피오네는 조명이 아주 유명한데,
한밤에 강 건너편에서 바라본 이 건축물은 무척이나 아름다워
은은한 주파수를 전하려 한 건축가의 의도를 느낄 수 있다.

포스트 모던의 완성

카지노 디 캄피오네

Casinò di Campione d'Italia

설계: 마리오 보타(Mario Botta)
준공: 2007
위치: 이탈리아 코모

건축의 형태는 크게 두 가지로 나눌 수 있다. 하나는 클래식한 형태 또 하나는 클래식하지 않은 형태이다. 과거의 건축물은 대부분 클래식한 형태를 가졌으며, 그 특징은 일체형이다. 순수한 형태의 삼각형과 원을 가감 없이 그대로 사용한다. 대부분 대칭(좌우, 상하 그리고 대각선)을 이루며, 조적조(벽돌처럼 쌓는 형태) 구성을 하고 있다. 클래식한 형태가 이러한 특징을 갖게 된 가장 큰 이유는 바로 재료의 문제였다. 재료가 다양하지 않았기 때문에 건축 또한 다양하지 않았고 하나의 형태 축을 갖게 되었다. 이러한 이유로 클래식한 형태는 우리에게 안정적인 느낌을 준다.

클래식한 형태는 다양하지 않은 형태라는 문제를 해결하기 위해 장식을 사용하는 것을 택했다. 장식은 떼어내도 구조에 영향을 주지 않는 요소를 말한다. 반면 모던은 산업혁명과 함께 다양한 재료, 특히 철과 유리를 건축물에 사용하는 가능성을 제시했다. 모던의 등장은 클래식한 형태에 제동을 걸었고, 이는 형태주의가 기능주의에 밀려났음을 의미했다.

그러나 1972년 7월 미주리주 세인트루이스에서 일어난 프루이트 이고 단지의 철거는 새로운 클래식이 활기차게 등장하는 계기가 된다. 클래식을 다시금 대중화시킨 건축가 중 한 사람이 스위스 건축가 마리오 보타(Mario Botta)다.

마리오 보타는 '기억과 역사가 건축가의 주요 영감의 원천'이어야 한다고 말한다. 마리오 보타의 작품은 옆의 사진처럼 클래식 형태에 필요한 내용을 전부 표현했다. 모던 이후에 나온 클래식이기에 우리는 이를 '포스트 모던(Post Modern)'이라 부른다. 이 작품들은 대부분 1980년대 초 작품으로 그가 건축의 기억과 역사를 보여 주려 했음을 알 수 있다. 그런 마리오 보타가 추구하던 포스트 모던 형태의 완성이 바로 카지노 디 캄피오네 디탈리아이다.

카지노 디 캄피오네 디탈리아는 건물 중간에 그의 좌우 대칭 스타일이 나타나지만, 파격적인 형태 분리와 강 쪽에서 바라보면 개구부가 전혀 보이지 않는 점이 그의 기존 작품과는 조금 다르다. 전체적으로 완벽한 대칭과 순수한 형태의 반복이 나타나지 않는데, 그가 2000년대 들어 시도한 형태다. 이 건축물에서 가장 크고 강렬한 공간은 가운데 소리굽쇠처럼 생긴 부분으로 건축물의 은은한 주파수를 주변에 전달하고자 하는 자신의 의도를 표현한 것이다. 꼭대기 주변에 삼각형과 수평의 흰 띠가 반복되는 것은 이집트 양식의 무늬로 이는 마리오 보타가 자주 사용하는 표현이자, 그의 트레이드 마크와도 같다.

카사 오리글리오(Casa Origlio)
스타비오(Stabio)
카사 로톤다(Casa Rotonda)

르네상스의 관습을 깨다

살바도르 대성당

Cathedral Basilica of Salvador

설계: 건축가 미상
준공: 1672
위치: 브라질 살바도르

로버트 벤투리(Robert Venturi)는 매너리즘을 정의하며 '원래 표현보다 관습적인 질서를 인정하지만 복잡성과 모순을 수용하기 위해 관습적인 질서를 깨고 모호함을 분명하게 끌어들이는 우리 시대 건축을 위한 매너리즘'이라고 썼다. 즉, 매너리즘은 '반고전적'이라 보면 된다. 그들의 작품은 자연을 모방한 예술이 아니라 예술을 모방한 예술이었다. 르네상스 시기 매너리즘 건축은 미켈란젤로와 다빈치로부터의 탈출, 다시 말해 르네상스 규범에 도전하는 것으로 시각적 속임수와 예상치 못한 요소가 특징이다.

살바도르 대성당 전면에는 매너리즘의 특징이 잘 나타난다.
르네상스의 규칙과 질서에 대한 저항으로 시작한 이 성당은
포르투갈 제국에서 전파된
가장 훌륭한 매너리즘 건축물이 되었다.

르네상스가 끝날 무렵 젊은 예술가들은 위기를 겪었다. 젊은 예술가들은 새로운 목표를 찾아야 했고 새로운 접근 방식을 모색했다. 이 시점에서 매너리즘이 등장한 것이다. 새로운 스타일은 1510년에서 1520년 사이에 피렌체, 로마 두 도시에서 동시에 발전했다. 고전을 중시한 르네상스 미술이 비율, 균형, 이상적인 아름다움을 강조하는 반면 매너리즘은 그러한 특성을 과장하여 종종 비대칭이거나 부자연스럽게 우아한 구성을 만들어 인공적인(자연주의와 반대되는) 특성을 표현했다.

살바도르 대성당은 매너리즘의 대표적인 건축물이다. 따라서 저항의 대상인 르네상스 건축물에 대한 정의를 알지 못하면 매너리즘 건축물의 특징을 알 수 없다. 르네상스(Renassance=Re(again)+nassance(make))는 고대의 그리스와 로마의 표현을 재현(Remake)한 것이다. 고대의 그리스와 로마의 특징은 비례(수학)와 동일함(규칙과 권위)의 반복이다. 이는 바티칸 궁전을 살펴보면 잘 나와 있다. 그러나 매너리즘 건축물은 일정한 비례(예를 들어 기둥의 간격)를 찾아볼 수 없고 순수한 형태(예를 들어 창문이나 문)의 반복도 볼 수 없다. 이 시기는 르네상스의 표현이 절정을 이루는 시기로 르네상스의 표현과 다른 형태가 나타난 것은 반항적인 표현임을 알 수 있다. 창의 형태도 개방된 창과 막힌 창이 불규칙적으로 배치가 되었다는 것은 규칙적인 르네상스의 콘셉트를 비웃는 것처럼 보인다.

살바도르 대성당은 역사 속에서 많은 과정을 거쳐 지금의 형태로 만들어졌다. 예수회가 1549년 이 도시에 도착해 신부 마누엘 다 노브레가(Father Manuel da Nóbrega)가 예수회 대학을 설립하면서 교회의 초석을 놓았다. 이후 교회는 사라지고 1672년에 교회의 구조가 완성된다. 그러나 지금의 형태와는 조금 달랐다. 1679년에 앞부분이 변형되고 1694년에 첨탑이 세워졌다. 예수회가 1759년에 이곳에서 추방될 때까지 예수회 소속이었으나 1933년에 천주교 바실리카 소속으로 바뀐다. 이 건축물의 기존 형태는 포르투갈 제국에서 전파된 매너리즘 양식의 가장 훌륭한 건축물의 하나가 된다.

그리스 기둥은 일반적으로 도리아, 이오니아 그리고 코린트 식 3가지가 있는데 로마는 그리스 점령 후 그리스 양식을 따르지 않고 자신들의 양식으로 로마 건축에 기둥을 사용하기 시작한다. 이것이 지속되다 근세가 시작되면서 원형 기둥이 주를 이루던 시대에 반항적으로 등장한 것이 미켈란젤로의 사각 기둥이다. 마찬가지로 르네상스까지 지속되던 건축물 전면에 대한 규칙이 무시되고 다양한 요소들이 혼합되는(예를 들어 종탑 사이에 있는 원형 판) 형태가 등장한다. 이는 르네상스의 규칙과 질서를 무시하는 매너리즘의 특징으로 살바도르 대성당 전면에도 잘 나타나 있다.

초기 매너리즘의 걸작, 특히 줄리오 로마노의 걸작으로 여겨지는 팔라초 델 테(Palazzo del Te)

새로운 것이 늘 옳은 것은 아니다.
소니 빌딩은 과거의 것에 현대의 재해석을 가미한
포스트 모던의 정답과도 같은 작품이다.

포스트 모던을 보여 주다

소니 빌딩 Sony Tower(AT&T)

설계: 필립 존슨(Philip Johnson)
준공: 1981
위치: 미국 뉴욕

산업혁명 이후 제공된 다양한 건축 재료는 건축 형태를 변화시키는 데 충분했다. 프랑스 시민혁명은 시대를 구분하는 혁명이 되어 구시대와 새로운 시대의 경계가 되었다. 이러한 분위기는 전문가들에게 새로운 것을 만들어야 한다는 부담을 주었다.

그러나 새로운 것이 늘 옳은 것은 아니다. 역사적인 내용을 담고 있는 것이 지양해야 하는 것은 아니다. 모던의 지배 아래 새로운 시대와 쏟아지는 문물 속에서 역사적인 것을 유지하려는 움직임은 미력하나마 존재했고, 1970년대 이후(206페이지 참조. 1972년 7월 프루이트 이고 단지 사건. 모던의 사망일)부터 탄력을 받아 많은 건축가들이 클래식 형태를 등장시키기 시작했다. 모던 이후의 클래식에는 여러 양식이 있는데, 그 성격을 구분하는 데는 각각 다른 기준이 적용된다. 과거에서 디자

찰스 무어의 이탈리아 광장(Piazza d'Italia)

인 이미지를 가져오고 과거의 재료와 기술을 사용하면 고전주의(현재 남대문 모습), 과거에서 디자인 이미지를 가져오는 것은 동일하지만 현재의 재료와 기술로 만들면 새로운 고전주의(남대문 모습을 콘크리트로 만들었을 경우), 과거에서 디자인 이미지를 가져오지만 이를 변형하고 현재의 재료와 기술로 만들면 이를 포스트 모던이라 부른다(개량 한복).

포스트 모던 건축물 중 가장 찬사를 받은 것이 바로 포스트 모던 건축가 찰스 무어가 설계한 뉴올리언스의 이탈리아 광장(Piazza d'Italia)이다. 이 광장의 모습은 설명이 필요 없을 정도로 고대의 건축물이 가진 요소들을 모두 보여 주고 있다. 그러나 한적한 곳에 있어 사람들에게 보여 질 기회가 많지 않아 외면당하고 있다.

포스트 모던 건축물의 대부분은 부분적인 요소만을 반영하여 클래식한 건축 형태를 만들었다. 반면, 필립 존슨의 소니 빌딩은 포스트 모던이 어떤 것인지 보여 주듯 클래식한 형태를 갖춘 모든 요소를 이 건물에 담았다.

덴버 공립 도서관(Denver Public Library) / 포틀랜드 빌딩(Portland Building)

포스트 모던은 디자인 소스를 과거에서 갖고 와 현대의 방법으로 만들어 낸 것이다. 위의 건물들을 살펴보면 클래식 형태에 나타나는 좌우 대칭, 일체형, 원과 사각형 등 순수한 형태의 반복, 로마의 아치, 조적조, 그리스의 단 등 과거의 형태에 사용했던 디자인 방법이 다분히 들어 있다. 물론 현대적인 건축물에도 이러한 표현은 있지만 이러한 대칭이나 일체형은 그것이 현대에 지어진 것이라 해도 그 디자인 소스는 과거에서 온 것이므로 포스트 모던이 된다. 마지막은 작가 자예 애베이트(Jaye Abbate)가 이 건축물에 남긴 평으로 갈음하려 한다.

“모더니스트이던 존슨은 포스트 모던적 경향을 나타내고자 1979년 설계한 뉴욕의 AT&T(현재 소니빌딩) 본사 건물에 자신의 스타일을 확연하게 드러냈고 여기에 고전적 파사드, 기하학적 요소, 로비에 거대한 기둥, 치펀데일이 어우러지게 하여 논쟁의 여지 없이 가장 포스트 모던한 건축물로 만들었다.”

산 카탈도 국립묘지는 알도 로시가 추구하던 클래식한 형태와 색채의 사용을 잘 나타내고 있으며, 건축물이 품은 무게감과 요약된 형태가 묘지라는 목적에도 부합하고 있어 그의 역작으로 여겨진다.

포스트 모던 형태의 모든 것

산 카탈도 국립묘지

San Cataldo Cemetery

설계: 알도 로시(Aldo Rossi)
준공: 1971
위치: 이탈리아 모데나

포스트 모더니즘의 건축물을 이해하지 못했다면 알도 로시의 건축물을 보라고 말하고 싶다. 포스트 모던 건축물을 설계하는 건축가는 많다. 그러나 알도 로시는 한 편의 고전 시와 같은 깔끔하고 명확한 형태를 보여 주고 있다. 그는 프리츠커 상을 수여한 최초의 이탈리아 건축가이다.

알도 로시는 자신의 건축물을 설계할 때 형태보다 도시를 먼저 생각한 건축가였다. 또한, 포스트 모더니스트로서 건축물을 통해 가장 환경에 합리적인 지역타파를 보여 주었다. 그의 말에 따르면 "도시는 시간이 지나면서 만들어지는 공통의 가치를 지니고 있다."라고 했고 건축물에 대해서는 "시간을 견디는 인공물이다."라고 표현했다. 또한, "도시는 집단적 기억으로 자신의 과거를 기억하는 국가 전체의 기억을 갖고 있다."라며 모더니즘 아래 이어져 온 국제 건축 양식에 거부감을 드러냈다. 그리고 건축물은 과거를 기억하는 매개체가 될 수 있게 만들어야 하며, 클래식한 형태가 도시에 필요하다는 주장을 펼쳤다. 그는 클래식한 형태들이 도시에 채워짐으로써 도시가 좀더 품위 있고 질서적인 모습을 갖추게 된다고 여겼다.

첫 번째 사진은 그가 1981년에 베를린에 설계한 아파트이다. 거대한 기둥을 가진 이 붉은색 건물은 세간의 관심을 폭발시켰다. 클래식한 건축물의 대표적인 장식이 바로 기둥인데, 거대한 기둥을 모퉁이에 세우면서 각지지 않게 하였고 주변 분위기를 온화하게 만들게끔 하였다. 건물의 모든 파사드를 다르게 하여 클래식이 갖고 있는 지루함을 없애려는 의도 또한 보인다. 그 옆 사진은 이탈리아 누오바 광장에 있는 건축물이다. 이 건축물의 높게 올라간 기둥은 광장을 더 개방적으로 보이게 만들었으며, 삼각 지붕과 좌우로 배치된 건물, 당당하게 놓인 기둥 위 사각형은 품위를 보여 주고 있다. 알도 로시의 건축물은 컬러의 표현 또한 새로웠다. 기존의 포스트 모던 건축가들이 정통적인 방법을 사용했다면, 아래 좌측 건축물은 전면 파사드에 각각의 컬러를 넣어 클래식한 건축물이 갖는 단순함과 지루함을 줄이고 리듬감을 보여 주었다. 마지막은 올란도에 있는 디즈니 건물로 로마네스크적인 표현이 사용되어 안정감을 보여 주고 있다.

산 카탈도 국립묘지는 알도 로시가 추구하던 클래식한 형태와 색채의 사용을 잘 나타냈으며, 요약된 형태와 무게감은 묘지라는 목적과도 부합한다. 그야말로 포스트 모던 형태의 모든 것을 나타낸 최고의 건축물이라 할 수 있다.

① 독일 베를린의 코흐스트라세(Kochstrasse Housing)
② 이탈리아 페루자의 폰티베게 비즈니스 센터(Centro direzionale di Fontivegge)
③ 독일 베를린의 쿼터 슈첸슈트라세(Quartier Schützenstrasse)
④ 미국 올랜도의 디즈니 개발 회사(Disney Development Company)

피렌체 대성당의 둥근 아치는
당시 사람들의 로마에 대한 열망을 그대로 드러낸다.

로마 재건의 열망

피렌체 대성당 Duomo di Firenze

설계: 필리포 브루넬레스키(Filippo Brunelleschi)
준공: 1436
위치: 이탈리아 피렌체

고딕이라는 이름은 후기 르네상스까지 없었다. 단지 사라센 양식이라 불렸다. 많은 사람들이 고딕이라는 이름이 고트족 또는 동고트족에게서 유래되었다고 생각하는 경우가 많은데 전혀 상관없다. 고딕은 프랑스 노르망디에서 시작되어 후에 르네상스가 시작된 후에도 유럽 전 지역으로 전파된다. 여기서 왜 노르망디인가 생각해 볼 수 있다. 여기에는 두 가지 견해가 존재한다. 하나는 800년 동안 스페인을 지배했던 이슬람의 문화가 노르망디까지 영향을 미쳤다는 의견이고, 다른 하나는 1차 십자군 전쟁(1096년)을 주도한 노르만인들에 의하여 사라센 양식이 유럽에 전파되었다고 보는 의견이 있다.

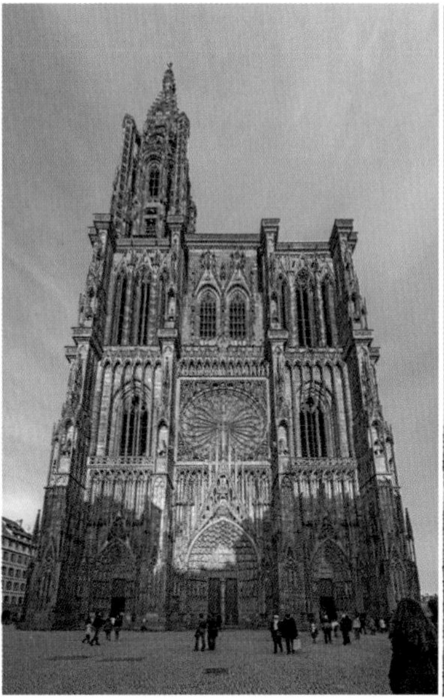

벨기에 투르네의 노트르담 대성당(Notre-Dame Cathedral in Tournai)
프랑스 스트라스부르 대성당(Cathédrale Notre-Dame de Strasbourg)
스페인 부르고스 대성당(Burgos Cathedral)

고딕은 초기 1130~1240년, 중기 1240~1350년, 후기 1350~1500년 이렇게 3번의 시기로 구분된다. 위의 사진은 왼쪽부터 초기, 중기 그리고 후기 고딕 건축물의 형태를 보여 준다. 이를 통해 초기의 건축물은 3단 구성, 아치 등 로마네스크의 영향을 받았으며 중기에 들어 점차 화려해지고 후기로 갈수록 수직성이 더 강해지는 것을 알 수 있다.

유럽인들은 고대 그리스와 로마 문화를 부활시키려는 운동(Renassance = Re + nassance)을 하고 있었다. 이유는 중세 기독교의 신본주의가 무너지고 인본주의가 일어났기 때문이다. 그들은 그리스와 로마의 철학, 학문 등을 가지고 오려 했는데, 특히 건축 분야에서는 로마의 건축을 부흥시키려 했다. 로마 건축의 특징 중 하나는 반지름이 동일한 반원형 아치로 사라센 양식의 뾰족한 아치는 이와 상반되었다. 그래서 이를 저지하기 위해 뾰족한 아치는 로마를 멸망시킨 게르만족이 만든 것이라는 유언비어를 퍼뜨렸다. 뾰족한 아치는 이슬람에서 유래한 것이었으나 당시의 유럽인들에게는 로마를 무너뜨린 게르만에 대한 반감이 더 컸다. 그 게르만의 대표적인 부족이 바로 고트족으로 유럽인들은 고트족의 출입을 통제하는 글을 입구에 붙이기도 했으며, 조르지오 바사리(Giorgio Vasari)는 『예술가들의 삶(Lives of the Artists)』이라는 책에서 고딕을 야만적인 독일 스타일이라는 용어로 정의해버렸다. 이렇게 사라센 양식은 고딕 양식이라 이름 붙여지고, '혐오스럽다.', '흉측하다.'라는 의미를 담아 경멸적으로 불리게 되었다.

고대 로마를 재건하고자 하는 르네상스의 의도는 동로마 멸망 후 인본주의를 꿈꾸는 시대를 인문학자들에 의해 주도되었고, 당시 교류가 활발한 도시 피렌체가 그 배경이 되었다. 그래서 이탈리아 지역과 다른 지역의 고딕 건축물의 아치를 비교해 보면 그 형태가 분명히 다르게 나타나는 것을 통해 고대 로마를 지향하는 것인가 아니면 새로운 시대를 향한 건축물을 지향하는 것인가 하는 의도를 엿볼 수 있다.

그러나 종교 지도자들이 종교적인 건축물을 통해 신앙심을 고취시키려던 의도는 유럽이나 이탈리아 지역이나 동일하였고, 이는 유럽 곳곳에 높은 고딕 건축물이 지어지는 결과로 이어졌다. 이로 인해 높게 올리기 위한 방법으로 적합한 뾰족 아치를 적용하여 수직 형태를 가능하게 했으며 얇아진 벽에 성경적인 내용의 부조가 등장(후기 고딕)하기 시작했다.

이로 인해 고딕 건축물은 점차 더 화려해지면서 발전했지만 고대 로마를 꿈꾸는 이탈리아에서는 다른 지역에 비하여 늦게 퍼지고(후기 고딕) 둥근 아치를 사용(두오모 성당)했다.

프랑스에는 노트르담 성당과 스트라스부르 대성당, 영국에는 솔즈베리 대성당이 있다. 이 세 성당을 비교해 보면 초기는 벽면에 성경 내용이 음각으로 나타나지 않았다면, 시간이 흐를수록 벽면에 다양한 성경 내용이 새겨지고 첨탑이 높게 올라가는 것을 알 수 있다. 또한, 고딕 건축물은 전체적으로 3단 구성 형태를 갖고 있는데 이는 로마네스크의 영향이다.

여기서 최고의 고딕 건축물로 선택한 피렌체 두오모 대성당은 첨탑이나 벽면의 음각이 절정에 이르고 있다. 중세(신본주의 기독교) 건축물의 전체적인 특징은 고대나 근세와는 확연한 차이를 보이는 수직 형태이다. 그 대표적인 예는 첨탑으로 신앙적인 소망을 나타내는 역할을 가지고 있다. 후기 고딕으로 갈수록 더 높아지는 첨탑의 형태에서 그 신앙적 소망과 의지를 엿볼 수 있다. 여기서 나열한 고딕 건축물은 뾰족한 아치(이탈리아를 제외한 유럽 지역)를 갖고 있는 반면, 두오모 대성당은 로마의 아치를 고수하였다. 당시 사람들의 로마 재창출에 대한 의지가 담겨 있음을 엿볼 수 있는 대목이다.

프랑스 노트르담 성당(Cathédrale Notre-Dame de Paris, 1163년)
영국 솔즈베리 대성당(Salisbury Cathedral, 1258년)
프랑스 스트라스부르 대성당(Cathédrale Notre-Dame de Strasbourg, 1439년)

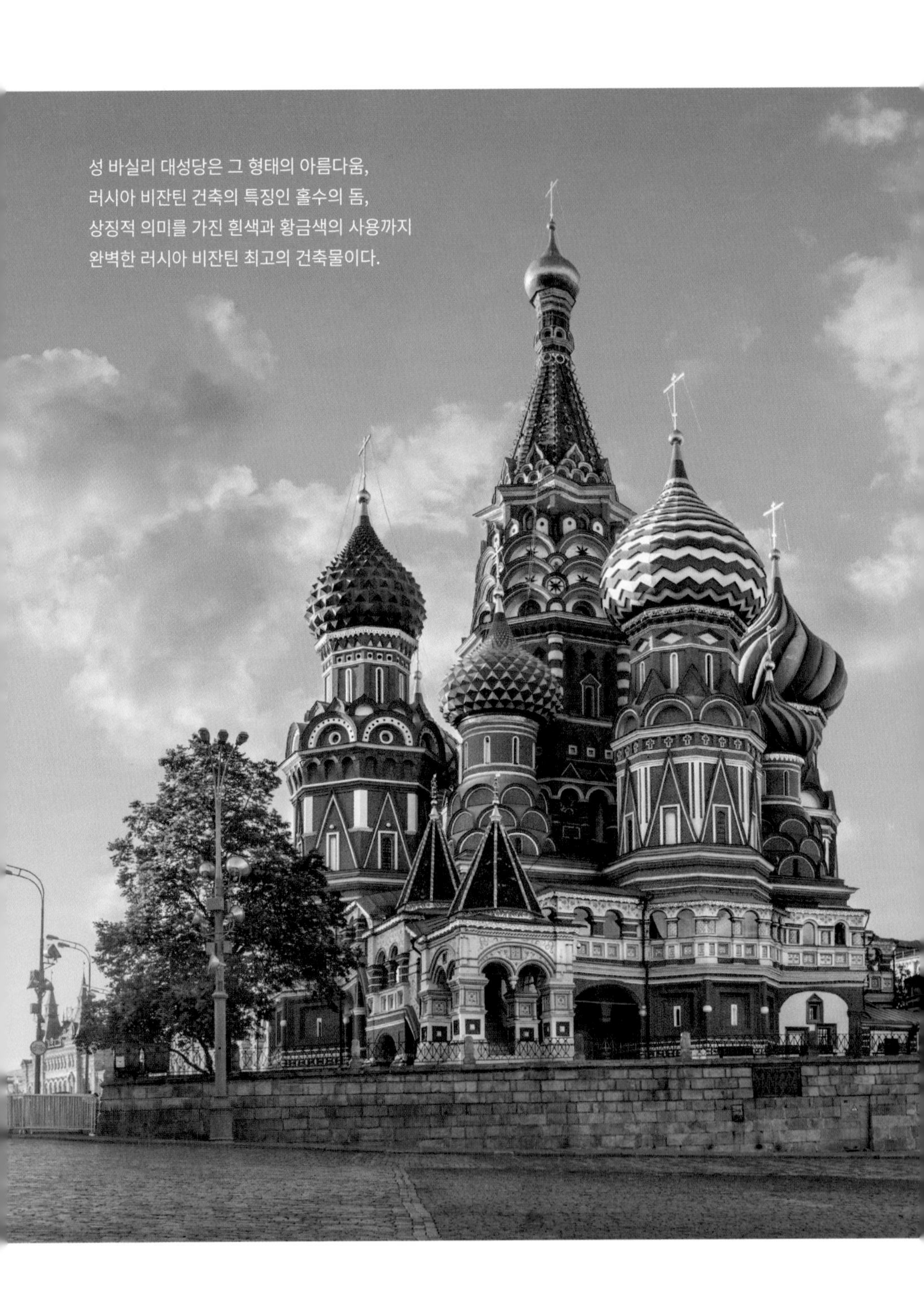

성 바실리 대성당은 그 형태의 아름다움,
러시아 비잔틴 건축의 특징인 홀수의 돔,
상징적 의미를 가진 흰색과 황금색의 사용까지
완벽한 러시아 비잔틴 최고의 건축물이다.

러시아에 꽃 피운 비잔틴

성 바실리 대성당

Saint Basil's Cathedral

설계: 포스트니크 야코블레프 & 이반 바르마
(Postnik Yakovlev & Ivan Barma)
준공: 1560
위치: 러시아 모스크바

고대 로마는 사두정치(2명의 황제와 2명의 부황제) 체제를 시행했었다. 2명의 황제 중 영국에 있었던 콘스탄틴이 무력으로 로마를 점령하여 로마는 하나의 황제(AD 312)로 정리가 된다. 이후 기독교를 공인(AD 313)과 국교(AD 383)로 정하는 단계를 거쳐 로마는 일곱 개 언덕으로 만들어진 도시국가가 되었다.

로마가 지형적으로 외세의 침략에 좋은 지형을 갖고 있지 않다고 생각한 콘스탄틴은 당시 그리스 영토였던 비잔틴(지금의 이스탄불)으로 수도를 이전(AD 330)한다. 이후 로마는 유럽의 서로마와 비잔틴의 동로마로 분리되고 교황 선출이 부른 갈등으로 종교도 서방 정교회(로마)와 동방 정교회(비잔틴)로 나뉜다. 그러나 서로마는 훈족의 침략과 게르만 민족과의 분쟁을 겪으며 복잡한 시기를 거치게 된 반면, 동로마는 날로 번창하고 이슬람 오스만 제국에 멸망(AD 1453)하기까지 1000년의 통치 기간을 갖게 된다.

동로마는 비잔틴으로 옮긴 후 동양의 원과 서양의 사각형을 접목한 형태를 건축에 담아내는데 그것이 바로 비잔틴 건축의 대표적 형태인 돔이다. 건축물 내부에 거대한 공간을 만들기 위하여 건물의 중앙에 돔을 얹고 주변 공간이 이를 지지하는 구조를 개발해 낸 것이다. 고전 신전이 사제만 신상이 있는 내부로 들어갈 수 있었기 때문에 파르테논 신전처럼 외부를 신경 썼다면, 기독교 신전은 내부에서 예배를 진행했기 때문에 내부를 중요시했다. 그래서 많은 사람들에게 영향을 주는 내부 구성에 신경을 써 돔을 얹어 놓은 것이다.

비잔틴 건축이 한창이던 988년에 러시아의 블라디미르 대공이 동로마 비잔틴 건축과 동방 정교회를 러시아에 전파하여 오스만에 동로마가 멸망한 후, 진정한 신성로마제국은 러시아란 말이 나오기도 했다. 러시아에 건너간 비잔틴 건축은 지역에 맞게 변형되어 네오 비잔틴 건축 양식이 되었다. 러시아 비잔틴 건축의 특징을 보면 돔은 홀수로 돔의 숫자 1개는 유일신, 3개는 삼위일체, 5개는 그리스도와 4명의 전도자를 의미한다. 그리고 순결, 순수를 나타내는 흰색과 빛, 고귀함, 신성, 불빛을 의미하는 황금색을 사용하여 그리스도의 상징으로 삼았다. 비잔틴 건축물 중 최고의 건축물로 성 바실리 대성당을 선택한 이유는 이 건축물에 대한 스토리를 말하지 않아도 직접 보게 되면 모두 인정할 만큼 아름다움을 보여주기 때문이다.

비잔틴 건축을 대표하는 대성당 박물관으로 모자이크화와 코란의 금문자를 볼 수 있는
아야소피아(Hagia Sophia Mosque)

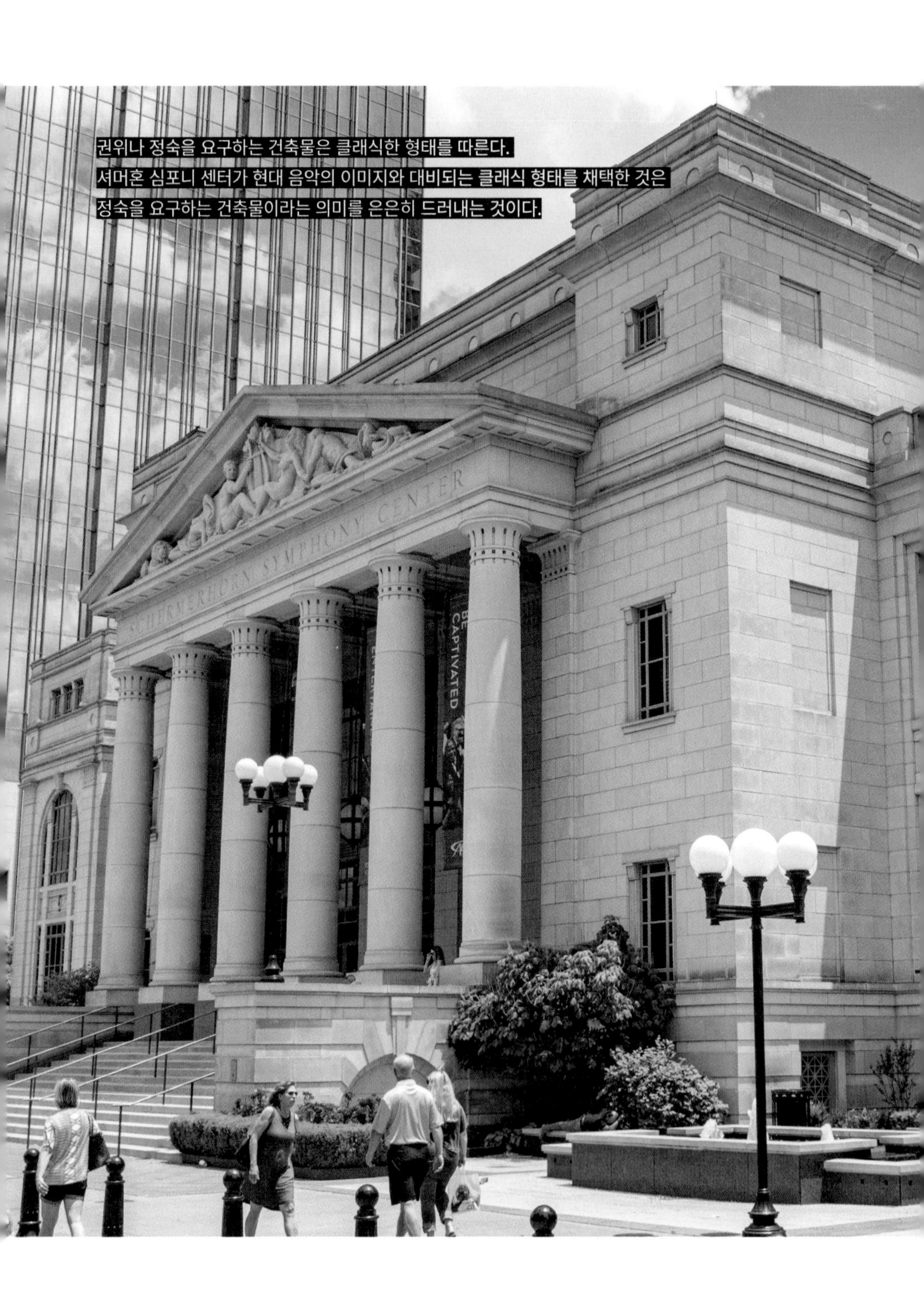

권위나 정숙을 요구하는 건축물은 클래식한 형태를 따른다.
셔머혼 심포니 센터가 현대 음악의 이미지와 대비되는 클래식 형태를 채택한 것은
정숙을 요구하는 건축물이라는 의미를 은은히 드러내는 것이다.

21세기 새로운 고전주의

셔머혼 심포니 센터

The Schermerhorn Symphony Center

설계: 얼 스웬슨 & 데이비드 M. 슈바르츠
(Earl Simcox Swensson & David M. Schwarz)
준공: 2006
위치: 미국 테네시

과거의 건축가들은 사람이 달라도 대부분의 건축 양식에 공통점이 있었다. 우리는 이를 시대적 양식이라고 부른다. 예를 들어 로마네스크, 고딕, 르네상스, 바로크처럼. 그러나 모던 건축가들은 시대적 양식을 따르지 않고 개인마다 다른 형태를 만들었고, 고전 스타일의 건축가들은 모던 건축가를 '취향의 독재자'라 표현하기도 했다. 형태에 일정한 틀이 존재하지 않고 건축가의 개인적인 스타일과 취향에 따라 만들어졌기 때문이다. 과거의 건축은 안정감을 주는 반면 재료와 기술의 한계로 인해 그 형태가 단순했고, 단순함을 가리기 위해 장식을 사용했다. 그러나 산업혁명은 다양한 기술과 재료의 사용을 가능하게 만들었으며, 건축물은 건축가들의 다양한 시도 속에서 과거의 건축물보다 가볍게 보이게 되었다. 이로

미국 텍사스 메도우 박물관(Meadows Museum)

인해 과거의 건축가들은 모던 건축가들의 형태가 품위가 없고 무게감도 없다고 여겨 '지게 진 부르주아(소위 졸부)'라고 칭하기도 했다.

20세기 들어 다시 고전 언어가 등장하자 새로운 정의의 필요성이 생겼다. 현대의 클래식은 그리스·로마 양식 외에도 다양한 클래식 형태 요소들이 들어 있었기 때문이다. 그래서 이 복합적인 클래식 형태의 이름을 고전주의, 새로운 고전주의, 포스트 모던으로 구분하였다. 여기서 혼동되는 것이 바로 새로운 고전주의이다. 이미 근세 말 18~19세기에 신고전주의가 있었다. 이를 영어로는 신고전주의(Neoclassical architecture)로 이름 지었다. 그러나 20세기에 다시 등장한 것은 새로운 고전주의(New Classical architecture)로 표기가 다르다.

심포니 센터는 새로운 고전주의(디자인은 과거에서 왔으나 현대의 재료와 현대의 공법으로 짓는 것)에 속한다. 새로운 고전주의 건축물의 특징은 메도우 박물관, 아퀴나스 대학 채플관에서 보이는 것처럼 일반적인 모던 건축물과는 다른 높은 입구와 거대한 스케일이다. 이는 신전과 같이 정숙이나 긴장감을 요구하는 건축물이라는 의미이며, 건축가들이 이러한 형태가 이 건축물에 적합하다고 생각했음을 보여 준다. 전체적인 형태는 그리스 양식을 본떠 만들었음에도 자세히 보면 다른 부분들이 있다. 그리스 양식의 특징은 단, 기둥 그리고 삼각 지붕이다. 그리스 양식은 삼

미국 캘리포니아 토마스 아퀴나스 대학 채플관(Thomas Aquinas College Chapel)

각 지붕 뒤에 다른 요소가 존재하지 않는다. 기둥 또한 그리스 양식을 다룬 기둥이 아니다. 다시 말해 복합적인 클래식 요소가 반영된 형태인 것이다.

포스트 모던과 함께 새로운 고전주의도 전 세계로 확대되는 추세이다. 고전건축 및 예술연구소(ICAA:Institute of Classical Architecture&Classical America)는 고전건축을 적극적으로 지원하고 있으며 시카고의 자선가 리차드 H. 드라이하우스(Richard H. Driehaus)는 2003년에 '고전과 전통 건축의 원칙을 담은 사회의 도시주의를 구현하고 긍정적이고 오래 지속되는 영향을 만드는 건축가'에게 수여하는 건축상을 제정했다. 노터데임 건축대학(University of Notre Dame School of Architecture)에서 수여하는 드라이하우스 건축상(Driehaus Architecture Prize)이다. 이는 모던 건축에 수여하는 프리츠커상(Pritzker Prize)의 대안이 된 것이다.

포스트 모더니즘 건축가가 많은 것에 비해 새로운 고전주의 건축가는 상대적으로 많지 않다. 기능적인 면에서 재료의 한계, 공사의 어려움에 따른 공사 전문가의 수요 등 여러 가지 면에서 모던 건축물보다 비용이 더 요구되기 때문이다. 그래서 새로운 고전주의 건축은 권위, 품위가 필요하거나 공적인 건축물에 많이 사용된다. 이는 시민들에게 평화로운 도시 분위기를 제공하기 위한 목적이며, 과거에서부터 내려오던 건축물의 형태가 보여 주는 메시지이기도 하다.

SCHERMERHORN SYMPHONY CENTER
BE CAPTIVATED
BE INSPIRED
Nashville Symphony
GIANCARLO GUERRERO
MUSIC DIRECTOR
BE ENTERTAINED
BE HERE
FirstBank
HCA
The Ann & Monroe
Carell Family Trust
NISSAN

에필로그

건축이 교양인 사회를 바라며

최고의 건축물에 대한 정의는 개인 기준에 따라 얼마든지 달라질 수 있다. 모든 작업 분야가 다르고 기준이 다르기 때문에 최고를 정하기는 어렵다. 여기에 등장한 최고의 건축물은 그 기준을 건축가에 둔 것이다. 만약 여기에 등장한 건축물 중 어느 건축가, 어느 건축물을 최고로 칠 것인가 묻는다면 이는 책을 쓴 내 취지가 잘못 전달된 것일지도 모른다.

굳이 기준을 정한다면 각 건축물이 인류와 도시에 얼마나 많은 영향을 주는지를 생각해 볼 수 있다. 여기에 등장한 건축물들은 미래를 향한 하나의 징검다리다. 사람들의 다양한 취향을 모두 만족시킬 수는 없다. 그러나 이 건축물들은 모두 가능성에 대한 시도를 보여 주고 있다.

책을 쓰면서 조금 아쉬운 것이 있다면 한국의 건축가들을 많이 다룰 수 없었다는 것이다. 일제강점기와 한국전쟁을 거친 우리에게는 서구의 도시와 현대 건축이 주를 이루던 시대에 새로운 시도를 할 시간이 턱없이 부족했다.

김중업이라는 건축가가 1970년대 당시 정부에서 쫓겨나지 않고 한국에 계속 남아 있었다면 한국의 건축은 분명 달라졌을 것이다. 그리고 한국에서 건축하는 젊은이들에게 자부심을 주었을 것이다. 일본의 건축가들이 '건축의 노벨상'이라는 프리츠커상을 받을 동안 우리는 근처에도 가지 못했다.

이 책에서 소개한 건축가들이 자신의 콘셉트를 만들고 드러내게 한 원동력은 자신감이다. 자신감은 나의 행위에 대해 플러스 알파를 줄 수 있는 힘이다. 그러나 우리는 현대 예술이라는 분야에서 우리 것에 대한 자부심이 부족하지 않았나 생각한다. 우리에게 지금 필요한 것은 우리 문화에 대한 자신감이다.

지금 우리의 젊은이들은 분명 과거의 건축인들과는 많이 다르다. 소신있고 더 많이 알고 있으며 능력도 뛰어나다. 그런데 현 교육체계를 보면 조금 걱정되기도 한다. 우리가 받는 교육은 실무와 이론 두 가지로 구분할 수 있다. 실무는 시간이 흐르면 익힐 수 있는 것이다. 그러나 이론은 배우는 자가 노력해야 한다. 이 책에 등장하는 건축물들은 이론에 대한 결과다. 실무자들은 실무만 갖고 있으면 안 된다. 개똥철학이라도 결과에 대한 이론이 반드시 수반되어야 한다. 그런데 아직 사회는 이론보다 실무 능력에 더 무게를 두는 것 같다. 작업을 개발하고 전개하려면 이론적인 바탕이 있어야 한다. 이론과 실무는 양쪽의 바퀴이다. 이 둘은 공평해야 하며 이론은 반드시 데이터로 증명해야 한다.

이 책을 쓰면서 이론적인 부분을 좀 더 보강하고 싶었지만 그러지 못해 아쉽다. 건축물에 대한 지식이 일반인에게도 교양이 되는 그런 사회가 되었으면 좋겠다. 하나의 건축물을 보고 토론하고 비평하는 분위기가 널리 퍼졌으면 좋겠다. 건축물의 탄생에는 스토리가 있다. 책은 이러한 내용을 아는 데 있어 가장 좋은 방법이다. 그런데 우리 사회는 일반인이 볼 수 있는 가벼운 건축책이 많지 않은 것 같다. 부족하고 아쉬운 부분은 있지만, 이 책이 건축물을 이해하는 데 도움을 주었으면 한다. 마지막으로 머지않아 우리의 젊은 건축가들도 이러한 책에 등장하기를 진심으로 바란다.

자연, 가장 아름다운 공간

020p	©commons.wikimedia.org
023p	©Ritu Manoj Jethani/Shutterstock.com
024p	©Guido Radig/commons.wikimedia
027p	©Christian Mueller/Shutterstock.com ©tzuky333/Shutterstock.com
028p	©Vastram/Shutterstock.com
030p	©Alizada Studios/Shutterstock.com
032~035p	©sitenewyork.com/
036p	©lingling7788/Shutterstock.com
039p	©Shawn.ccf/Shutterstock.com
040p	©João Morgado/aasarchitecture.com
042p	©mimesisartmuseum.co.kr
043p	©ephst/Shutterstock.com
044p	©Lost_Architecture/reddit.com
047p	©jejuweekly.com

도전, 평범함에 맞서는 저항

053p	©Jean-Pierre Dalbéra/commons.wikimedia
054p	©dezeen.com
055p	©Luke Hayes/dezeen.com
056p	©jpiarquitectura.blogspot.com/
060p	©kirinrin.wordpress.com
063p	©M Stocker/Shutterstock.com
064p	©Nattee Chalermtiragool/Shutterstock.com
067p	©Boris Stroujko/Shutterstock.com ©Vladimir Zhoga/Shutterstock.com
068~071p	©jan Bitter/archdaily.com
072p	©Nattakit Jeerapatmaitree/Shutterstock.com
074~075p	©zaha-hadid.com
077p	©lazy dragon/Shutterstock.com
079~081p	©adr.cz/cs/
082p	©aedas.com
083p	©Pinkcandy/Shutterstock.com
084p	©archdaily.com

086p	©Konstantin Tcelikhin/Shutterstock.com
089p	©Zhukov Oleg/Shutterstock.com
090p, 093p	©Brigida Gonzalez/archdaily.com
094p	©Melissa.r/Shutterstock.com
096p	©Pavel Krok/commons.wikimedia ©India Block/dezeen.com

구조, 형태를 유지하는 힘

103p	©Checubus/Shutterstock.com
104p	©JHVEPhoto/Shutterstock.com
106p	©Keith Homan/Shutterstock.com
109p	©yusunkwon/flickr.com ©Darren Bradley/domusweb.it
110p	©Dennis van de Water/Shutterstock.com
113p	©Vincent Bos/Shutterstock.com ©WiNG/commons.wikimedia
114p	©ibrar.kunri / Shutterstock.com
117p	©IR Stone / Shutterstock.com ©UlyssePixel / Shutterstock.com
118p	Joshua Davenport / Shutterstock.com
120p	©Archer All Square/Shutterstock.com
122p	©A G Baxter/Shutterstock.com
123p	©pisaphotography/Shutterstock.com
124p	©JHVEPhoto/Shutterstock.com
127p	©BGStock72/Shutterstock.com
128p	©Taljat David/Shutterstock.com
131p	©Emanuele/wikipedia
132p	©Peeradontax/Shutterstock.com
134p	©Doris Antony/wikipedia ©Jörg Zägel/wikipedia ©Altsachse/wikipedia
139p	©Angelina Dimitrova/Shutterstock.com
140p	©LARS LANDMANN(regios24)/wolfsburger-nachrichten.de
142p	©Thomas Hernandez/Shutterstock.com
143p	©Christian Gänshirt/commons.wikimedia
145p	©BERK OZDEMIR/Shutterstock
147p	©Alina Fomenko/Shutterstock.com ©Feng Shao/archdaily.com ©christiandeportzamparc.com
148p	©Sergio Delle Vedove/Shutterstock.com
150p	©bundestag.de
151p	©Rainer Lesniewski/Shutterstock.com

미학, 아름다움에 대한 탐구

156p	©csp/Shutterstock.com
159p	©Emilie Chalcraft/dezeen.com
160p	©EyeSeeMicrostock / Shutterstock.com
162p	©KENNY TONG/Shutterstock.com
163p	©EyeSeeMicrostock/Shutterstock.com
164p	©es-la.facebook.com/clemillet/
166~167p	©Kiev.Victor/Shutterstock.com
168~171p	©EOMA/archdaily.com
172p	©Larry Yung/Shutterstock.com
174p	©Marek Lipka-Kadaj/Shutterstock.com
175p	©Alexander Prokopenko/Shutterstock.com
176~178p	©eisenmanarchitects.com
180p	©mapio.net/cc(lanouvellerepublique.fr)
183p	©Christian Devillers/henriciriani.blogspot.com
184p	©cowardlion/Shutterstock.com
186p	©Nessa Gnatoush/Shutterstock.com
188p	©Sean Pavone/Shutterstock.com
191p	©Codera23/commons.wikimedia
192p	©Leonid Andronov/Shutterstock.com
194p	©Victor Grigas/commons.wikimedia
197p	©Creative Family/Shutterstock.com ©Vladimir Zhoga/Shutterstock.com

클래식, 변하지 않는 가치

204p	©AdmComSRL/commons.wikimedia
207p	©botta.ch
208p	©Bernard Barroso/Shutterstock.com
211p	©D-VISIONS/Shutterstock.com
212p	©David Shankbone/commons.wikimedia
214p	©William A. Morgan/Shutterstock.com
215p	©Everbruin/commons.wikimedia ©Steve Morgan/commons.wikimedia
219p	©archipicture.eu ©Dave Morris/commons.wikimedia ©fondazionealdorossi.org
222p	©Diliff/commons.wikimedia
230p	©4kclips/Shutterstock.com
232p	©RaksyBH/Shutterstock.com
233p	©Pgnielsen79/commons.wikimedia
235p	©Brian Wilson Photography/Shutterstock.com